プロブレム Q&A

# プラスチックごみ問題入門

［安心して暮らせる未来のために］

■

栗岡 理子・著

緑風出版

プロブレムQ&A

目次

プロブレムQ&A

## Ⅱ　マイクロプラスチック

Q7 マイクロプラスチックって何？　繊維クズやタイヤのクズもそれですか？ 40
マイクロプラスチックには一次と二次があると聞きました。それぞれどんなものですか？　衣類の繊維クズや車のタイヤがすり減って出るクズもそうですか？

Q8 マイクロプラスチックの何が問題ですか？　生物濃縮って何ですか？ 45
マイクロプラスチックは汚染物質を引き寄せ、それが生物の体内で濃縮されると聞きました。どういうことが起きるのでしょうか？

Q9 海岸にビーズ状のものが落ちています。これもマイクロプラスチック？ 49
海岸に二〜五㎜程度のプラスチックの小粒や、中空のカプセル、直径一㎜ほどの丸くて柔らかいビーズが落ちています。これらもマイクロプラスチックですか？

Q10 口紅やリップクリームにマイクロプラスチックが入っているって本当？ 53
口紅やリップクリーム、ファンデーションなどにもマイクロプラスチックが入っていると聞きました。環境や健康への影響はないのですか？

Q11 柔軟剤にマイクロカプセルを入れるのはなぜですか？ 57
香害被害者が増えていると聞きました。柔軟剤のマイクロカプセルなどが原因だということですが、なぜ柔軟剤にマイクロカプセルを入れるのですか？

Q12 大気にもマイクロプラスチックは漂っていますか？ 62
世界各地の大気や雨からマイクロプラスチックが見つかり、「プラスチックの雨」が降っていると聞きました。私たちが吸う空気の中にも混じっているのですか？

Q13 室内のマイクロプラスチック発生源はどこですか？ 66
外よりも室内の方がマイクロプラスチック濃度は高いと聞きました。発生源はどこですか？　また、吸い込まないようにするには、どうしたらよいですか？

プロブレムQ&A

## Ⅳ　デポジット制度

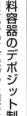

# プロブレムQ&A

# はじめに

友人から、夕食用のサンマのお腹からプラスチックの糸のようなものが出てきたと聞きました。プラスチックによる海洋汚染が次々と報道されはじめたころのことです。この問題が広く知られるようになったのは、二〇一六年ころからでしょうか。この年にスイスのダボスで世界経済フォーラム年次総会（ダボス会議）が開かれ、そこで「二〇五〇年までに海のプラスチック量は魚の量を重量換算で上回る」という衝撃的な報告がなされました。ダボス会議と前後して、ある動画が話題になりました。南米コスタリカ沖で保護されたウミガメの鼻から、突き刺さっていたプラスチック製ストローを抜く痛々しい光景が、SNSなどで世界中に拡散されたのです。

二〇一八年六月五日の世界環境デーには、国連のアントニオ・グテーレス事務総長が「使い捨てプラスチックを拒絶しよう」と世界に向かって呼びかけました。それに合わせて国連環境計画（UNEP）は報告書『シングルユースプラスチック』を発表しました。それによると、プラスチックはこれまで世界全体で約九〇億トン生産され、うちリサイクルされた分は九％しかありません。とくに、生産量の三六％と最大の用途を占める容器包装に使用されるプラスチックは、その多くが一回使っただけで捨てられますが、その一人あたりの廃棄量は、日本はアメリカに次いで世界で二番目に多いというのです。

これらの発表の数日後に、カナダでG7シャルルボワ・サミットが開催されました。そこでは世界の首脳たちがプラスチックによる海洋汚染について協議し、具体的な対策を促す合意文書『海洋プラスチック憲章』を取りまとめました。ところが、日本はアメリカとともに署名を拒否したのです。その理由は、「市民生活や産業への影響を慎重に調査・検討する必要があるため」というものでした。プラスチック容器の廃棄量が一位と二位の国がそろって署名を拒否したことで、このニュースは各国の耳目を集めました。

自然界に放置されたプラスチックが粉々に砕かれ、「マイクロプラスチック」（Q7参照）として散乱することが問題視されています。シャルルボワ・サミットの頃、日本でも「海岸漂着物処理推進法」を一部改正し、マイクロプラスチック対策を法律に盛り込むべく検討を進めていました。これは、プラスチックによる海洋汚染問題に取り組んでいた市民団体が長い年月をかけて国会議員に働きかけ、ようやく法改正にまで漕ぎつけたものです。その努力がみのり、二〇一八年六月一五日に「海岸漂着物処理推進法」の改正案が参院本会議で可決・成立しました。強制力のない内容とはいえ、日本で初めてマイクロプラスチック対策が法律に盛り込まれたわけです。

しかし、海洋プラスチック憲章への署名拒否に対する国内外の批判は収まりませんでした。政府は二〇一九年六月に開催されるG20大阪サミットに間に合わせるため、急ピッチで「プラスチック資源循環戦略」（Q34参照）を練ることにしました。同年五月に策定されたこの戦略には、使い捨てプラスチックの削減目標も盛り込まれましたが、海外の意欲的な目標に比べると見劣りが目立ちます。

この頃はまだ、もっぱら使用済みプラスチックによる海洋汚染が問題視されていました。海面に浮かんだり、海底に堆積したり、あるいは漂流しながら海岸に漂着したりして、海洋生物に危害を与えることや、さらに魚介類を通してマイクロプラスチックが食卓に上り、体内に入ることなどです。しかし最近では、マイクロプラスチックが、海洋由来の食べ物ばかりではなく、私たちの暮らす陸上や私たちの吸い込む空気、そしてあろうことか畑の野菜や果物の中にまで入り込んでいることがわかってきたのです。安心安全と思っていた日本の水道水からも、マイクロプラスチックが見つかっています。プラスチックはもはや陸上に住む私たちの暮らしに直結する問題となりました。ドイツのハインリッヒ・ベル財団というシンクタンクの報告書「プラスチック・アトラス」によると、プラスチックの堆積は、海よりも土壌のほうが四倍から二三倍も多いということです。

これまでにも持続可能な社会をめざす人々は、高度成長がもたらした「大量生産・大量消費」を批判してきました。わずかばかりのリサイクルを免罪符にして、私たちは多くのプラスチック製品を使い続けています。目先の便利さに目がくらみ、資源を浪費し、地球を汚した結果、空気も水も土もプラスチックで汚染してしまったのです。日本政府もようやく問題の深刻さに気づき始めたようですが、それでもまだ使い捨てプラスチックを減らすための対策に真剣に取り組んではいません。

プラスチックによる環境汚染の防止は、私たちの暮らしと生命を守るための喫緊の課題です。そこで、この問題についてのQ&Aをまとめてみました。このすさまじいプラスチック汚染をどうしたら止められるか、それを真剣に考えるきっかけになれば幸いです。

プロブレム Q&A

# I

# プラスチックごみ問題の基礎

## Q1 プラスチックって何ですか?

**合成繊維のセーターやチューインガム、消しゴム、不織布のマスクもプラスチックですか? どんなものをプラスチックと呼ぶのですか?**

プラスチックとは、熱や圧力によっていろいろな形に成形できる高分子物質のことです。主に石油から、人工的に作られます。語源はギリシャ語のプラスティコスで、「自由な形に作ることができる」という意味があります。炭素原子に水素原子などを組み合わせて作りますが、構造をほんの少し変えるだけで、多種多様なプラスチックを作ることができます。

なかでも最も多く使われているのがポリエチレン、ポリプロピレン、ポリ塩化ビニル、ポリスチレンです。プラスチック循環利用協会の統計によると、日本の樹脂生産量の七割はこの四種類のプラスチックで占められています。「ポリ」にはギリシャ語で「多くの・たくさんの」という意味があります。たとえば、レジ袋の原料である「ポリエチレン」は、「エチレン」

**高分子物質**
物質を細かく分けると原子になる。原子が集まって分子を作る。その集まった原子の数が少ないものを低分子(モノマー)、たくさんの原子が集まっているものを高分子(ポリマー)と呼ぶ。

**ポリエチレン、ポリプロピレン、ポリ塩化ビニル、ポリスチレン**
レジ袋やポリバケツなどはポリエチレン、不織布製マスクや食品容器などはポリプロピレン、消しゴムや水道管などはポリ塩化ビニルで作ら

という分子を人工的にたくさんつなぎ合わせて作られます。

プラスチックは「合成樹脂《ごうせいじゅし》」とも呼ばれますが、それは松ヤニなど天然の樹脂と性質が似ているためです。天然樹脂の化石である琥珀《こはく》と主に石油から作られるプラスチック、そういえば少しだけ似ていませんか。

これまでプラスチックは、人間が作り出したもっとも素晴らしい物質の一つと考えられていました。どのような形にも加工できる上、添加剤の種類を変えれば、こちらが望む性質を持たせることが可能です。たとえば、燃えにくくしたければ難燃剤を入れれば良いし、劣化を抑え長持ちさせたければ酸化防止剤などの安定剤を加えれば良いのです。そのため、さまざまな用途に使える優れものです。しかも、軽くて丈夫、安価！ と三拍子そろい、こんなに便利なものは他にはありません。そのため、アッという間に大量に使われるようになりました。

洋服のタグを見てください。ポリエステルとかアクリルなどと書かれていませんか。それら合成繊維もプラスチックの一種です。不織布《ふしょくふ》の多くも合成繊維から作られています。

消しゴムは、以前はゴムの木の樹脂（天然樹脂）を使って作られていま

---

れることが多い。食品トレイなどに使われる発泡スチロールはポリスチレンから作られる。

**合成樹脂とプラスチックの概念**
合成樹脂とプラスチックの概念はどちらもあいまいで、完全には一致しない。たとえば、シリコーン樹脂は合成樹脂ではあるが、プラスチックのように炭素を骨格とする有機化合物ではないため、プラスチックであるかどうかは人により意見がわかれる。

**プラスチックの生産量**
プラスチックの生産量は一九六四年の一五〇〇万トンから二〇一四年の三億一一〇〇万トンへと五〇年間で二〇倍以上に急増し、今後二〇年間でさらに倍増する見込み（エレン・マッカーサー財団、二〇一六年）。

したが、今では大半がポリ塩化ビニル（塩ビ）というプラスチック製です。塩ビには可塑剤《かそざい》としてフタル酸エステル（Q18参照）が添加されていますので、特に小さい子どもの使用には注意が必要です。

チューインガムも元々は中南米などに生える特定の木の樹液を煮て作っていました。しかし、今のはおもにポリ酢酸ビニルやポリイソブチレンなどのプラスチックから「ガムベース」が作られています。ガムベースとは噛んだあとに残る部分のことです。

ポリエチレンテレフタレート（ＰＥＴ）から作るペットボトルももちろんプラスチック製です。車や飛行機、パソコン、家電など高額のものにも、プラスチックがたくさん使われています。

プラスチックを分解できる微生物は、地球上にほとんどいません。そのため腐ることがなく、長持ちします。これは長所だとされますが、自然環境に対してはそれが裏目に出てしまいました。環境中に漏れ出したプラごみが、自然に還元されることなく地球を覆い尽くさんばかりに増えてしまったのです。

最初の異変は、「魚や海鳥がプラスチックを食べているようだ」とか「ク

---

**プラスチックの被害**

一九六四年、三保海岸に打ち上げられた深海魚ミズウオの胃からプラごみが見つかった。六六年にはハワイ諸島サウスイースト島で巣立ち間際に死亡した一〇〇羽のコアホウドリのヒナの胃から合計二四三個のプラスチック粒子が検出された。七二年には北大西洋のサルガッソ海の表層で、多数のレジンペレット（Ｑ９参照）が採取された。八四年にハワイで開催されたマリンデブリ研究集会で、ウミガメの摂食や絡まり被害について報告された。

ジラやウミガメがプラスチックで被害を受けている」などのことでした。
長い間、それらは重要視されませんでした。プラスチックの便利さに目を奪われた人々にとって、それらは些細《ささい》な問題だとされたのです。ところがプラスチック汚染の深刻さを示す報告がだんだん積み重なり、無視できないレベルにまで膨れ上がりました。

そこでようやく人々は、このまま放置したら大変なことになる、人間にも悪い影響がありそうだ、ということに気付き始めました。

発砲スチロールやペットボトルに覆われた海岸

# Q2 プラスチックごみは海にどれだけあるの？　どれほど海を汚しているの？

**このままでは海には魚よりプラごみが多くなると聞きましたが、本当ですか？　海のプラスチック汚染は、どのような状況でしょうか？**

海には既に一億五〇〇〇万トンのプラごみが存在するといわれています。米ジョージア大学のジェナ・ジャムベック氏らが科学誌『サイエンス』に発表したところによると、海に流出したプラごみの量は、二〇一〇年の一年間だけでおよそ八〇〇万トンです。この量は地球のすべての海岸線沿いにごみをいっぱいに詰め込んだレジ袋を五個ずつ約三〇cm間隔で並べたほどの量で、何も対策をとらなければ、人口増加に伴い、この量は二〇二五年までに倍増する（レジ袋の数が一〇個になる）そうです。

二〇一六年のダボス会議では、これらの研究をもとに、海に漂うプラごみの量が「二〇二五年までに魚三トンにつき一トンの比率になり、二〇五〇年には魚の数を上回る」と警告されました。プラスチック汚染は年々進

一億五〇〇〇万トンのプラごみ
McKinsey & Company and Ocean Conservancy（二〇一五）

八〇〇万トン
八〇〇万トンはあくまでも二〇一〇年に海に流出したごみの推計量で、現在はもっと増えている。ジャムベック氏らは、海に面した一九二カ国・地域の一人当たりのごみ排出量をもとにした数理モデルで試算した。それによると、流出量の一番多い国は中国で一三二～三五三万トン、次はインドネシアで四八～一二九万

み、今では北極から南極まで、プラスチックの見つからない場所はありません。人が住んでいない孤島にも毎日プラスチックが押し寄せています。

南太平洋のヘンダーソン島はニュージーランドとチリの間にある無人島です。この絶海の孤島に約三七七〇万個ものごみが打ち上げられていたことが、豪タスマニア大学のジェニファー・ラバーズ氏らの二〇一五年の調査でわかりました。ごみは、日本、中国、アメリカ、カナダ、ヨーロッパ、ロシア、南米など世界中から、南太平洋環流に乗ってヘンダーソン島に流れ着きます。

同島はユネスコの世界遺産にも登録され、世界有数の広さを誇る海洋保護区に含まれています。かつては宝石とも称えられるほど生態系豊かで美しかった島ですが、今では世界で最もプラスチック汚染のひどい場所の一つになってしまいました。海流や地形などの影響で、手つかずの楽園がごみための化したのです。ラバーズ氏は、問題の根源を絶つために、使い捨てのプラ製品をより厳しく制限する必要性を訴えています。

ハワイと北米西海岸の間には、「太平洋ごみベルト」と呼ばれる巨大なごみの集積地があります。潮の流れに乗ってごみが集まってくるのです。

---

トン、次がフィリピンで二八〜七五万トン、ベトナム二八〜七三万トン……と続き、アメリカが二〇番目、日本が三〇番目に多い。上位の排出国二〇カ国で流出量全体の八三%を占め、このうち一二カ国がアジアの国々だ（表1）。

しかし、二〇二〇年に発表された同じ著者たちの論文（二〇一六年の推計量）によると、海へのプラごみ流出量の順位は大きく入れ替わった。沿岸部で適正に処理されずに捨てられ、海洋へ流出した可能性のあるプラごみ量は、インドネシアが四二八万トンと最も多く、二番目がインドで三一六万トン、三番目がアメリカ（一四五万トン）、五番目が中国（一〇七万トン）、日本は九番目（六七万トン）に多かった。計算方法が変わったこともあるが、中国はインフラ整備が進み、大幅に改善されたという。

このエリアにごみが集まることについて、日本でも早い時期から研究されていました。その面積は一六〇万平方キロメートルを超え、日本の四倍以上の広さです。この海域に特にごみが多いことを世界に広めたのは、海洋学者のチャールズ・モア氏でした。モア氏は、プラスチックが浮いたり沈んだりしている海の有様を「プラスチックのスープ」と表現しました。

このごみ溜まりに浮かんでいる大量のごみを、細かくなる前に取り除こうと挑戦している若者がいます。世界中から支援を受けて設立されたNPOオーシャン・クリーンアップのボイヤン・スラットCEOです。このオーシャン・クリーンアップやそれに協力する研究者らの調査によって、太平洋ごみベルトには、それまで考えられていたより最大一六倍も多いごみが集まっている可能性のあることがわかりました。少なくとも一兆八〇〇〇億個、七万九〇〇〇トンのプラごみがあると推計されるそうです。このうち一兆七〇〇〇億個は〇・五～五㎜ほどの小さなものですが、総重量の九二％はもっと大きなごみです。太平洋ごみベルトでサンプルとして集められたごみの中で、製造場所のわかるごみが三八六個ありました。日本から流れ出たものが一番多く一一五個（約三〇％）、二番目に多かったのは中

---

**厳しく制限する必要性**

ラバーズ氏らは二〇一七年、オーストラリアから北西に二〇〇〇㎞余り離れたインド洋にあるココス諸島の二七の島の中で、面積の大きい七つの島の砂浜の漂着ごみも調査した。その結果、諸島全体のごみは約四億一四〇〇万個、約二三八トンと推定されるそうだ。ココス諸島にあるすべての破片の九三％が、地表から一〇㎝までのところに埋もれているのではないかとのこと。

国のごみで一一三個でした。

一方で、九州大学の磯辺篤彦教授たちが調査船に乗り込んで南極海から日本まで横断調査をしたところ、マイクロプラスチックの数は南半球より北半球の海の方が一桁多く、さらに海に流入するプラごみ量をもとにシミュレーションした結果、太平洋に浮かぶマイクロプラスチック濃度は二〇三〇年に今の二倍に、二〇六〇年には今の四倍になることがわかりました。また、このマイクロプラスチックが海の表層に滞留している時間はせいぜい三年から数年とのことです。

海に入ったマイクロプラスチックは、九〇%以上が行方不明になっています。しかし、最近また新たな事実がわかってきました。英ストラスクライド大学の研究者らが二〇二〇年五月に発表した研究によると、海のマイクロプラスチックの一部は、波しぶきや強風に吹き上げられて、大気中に飛散するというのです。つまり、海に流れ着いたプラスチックの最終的な落ち着き先は海とは限らず、陸上へ舞い戻ってくるものもあるということです。プラスチックはどんどん微細化しながら地球上を巡り、汚染を拡散させていくのです。

表1　海へのプラスチックごみ国別流出量

2010年推計値

| | | |
|---|---|---|
| 1位 | 中国 | 132～353万トン |
| 2位 | インドネシア | 48～129万トン |
| 3位 | フィリピン | 28～75万トン |
| 4位 | ベトナム | 28～73万トン |
| 5位 | スリランカ | 24～64万トン |
| : | | |
| 20位 | アメリカ | 4～11万トン |
| : | | |
| 30位 | 日本 | 2～6万トン |

出所：Jambeck et al.（2015）をもとに作成

# Q3 海にごみが多いのは、日本の責任ではなく途上国の責任ですか？

途上国の映像を見ると、川にごみがたくさん捨てられています。日本近海はプラごみの浮遊量が特に多いそうですが、途上国の責任ですね？

磯辺教授によると、日本近海（東アジア海域）に浮遊する〇・三㎜以上五㎜までのマイクロプラスチックの濃度は、世界平均の二七倍もあります。そのため、日本の周辺海域はマイクロプラスチックの「ホットスポット」と呼ばれています。海流の関係で中国など他のアジア諸国のごみが流れてくることや、日本で発生したごみの影響だと考えられます。

ドイツのヘルムホルツ環境研究センターの研究チームによると、川から海に流れ込むプラごみの九割程度はアジアとアフリカの計一〇河川を汚染源にしています（表2）。中国の長江《ちょうこう》や黄河《こうが》、海河《かいが》、珠江《しゅこう》、中国とロシアとの国境付近を流れるアムール川、東南アジアを縦断するメコン川、南アジアのインダス川、インドのガンジス川、エジプトのナイル川、西アフリカのニジェール川です。幸い日本の河川は含まれていません。

　しかし、資源と称して途上国に処理の難しい廃プラ（Q27参照）を大量に送り、リサイクルを担《にな》わせているのは日本を含む先進国です。現地の労働者がそれらを手選別して、資源化しやすいものだけを選んでリサイクルしますが、それ以外のものは野積みし、放置するケースもあります。こうして野外に放置されたごみは、化学物質や重金属で土壌を汚染した挙げ句、やがて風雨で川に流れ込みます。

　また、途上国では輸出品を安価に生産するため、環境対策にお金をかけていられません。たとえばバナナの栽培には、害虫から保護するなどの理由で房にプラスチック製の袋がかけられます。使用後のその袋の処理にお金をかけず、散逸《さんいつ》を許している農園も多くあります。それらは川に落ち、やがて海まで流れ、海洋生物に被害をもたらします。二〇一九年にミンダナオ島で見つかったクジラの死骸からは、バナナ農園の袋が大量に発見されました。

　汚染を防止するためのインフラ整備が不十分であることを知りながら、途上国の労働力や水、空気、土地などを安価に利用する先進国の無責任さ

**表2　海へのプラスチックごみ流入量の多い10河川**　　単位：万トン／年

| 順位 | 河川名 | 地域 | 微小プラ① | 微少プラ② |
|---|---|---|---|---|
| 1位 | 長江 | 中国 | 146.9 | 8.5 |
| 2位 | インダス川 | 南アジア | 16.4 | 1.2 |
| 3位 | 黄河 | 中国 | 12.4 | 1.0 |
| 4位 | 海河 | 中国 | 9.1 | 0.7 |
| 5位 | ナイル川 | アフリカ大陸東北部 | 8.5 | 0.7 |
| 6位 | ガンジス川 | インド | 7.3 | 0.6 |
| 7位 | 珠江 | 中国 | 5.3 | 0.5 |
| 8位 | アムール川 | 北東アジア | 3.8 | 0.3 |
| 9位 | ニジェール川 | 西アフリカ | 3.5 | 0.3 |
| 10位 | メコン川 | 東南アジア | 3.3 | 0.3 |

出所：Schmidt et al.（2017）をもとに作成
※「微少プラ」は5㎜より小さいプラスチック。①と②は2つの異なるモデルによる推計値。

が、海洋プラスチック汚染の原因の一端だといえます。

さらに、野外への大きなごみの放出量は途上国の方が多いとしても、小さいサイズのプラスチックについては大量に消費している先進国の方が個数ベースで多い可能性があります。ベンチャー企業「ピリカ」が、日本の川とメコン川に浮かんでいる〇・三㎜以上五㎜以下のプラごみの数を比較したところ、日本の川のプラごみ浮遊量は単位面積あたりでメコン川の下流域に匹敵する多さだったそうです。日本の川には人工芝や、プラスチックで覆われた肥料の殻（Q6参照）、レジンペレット（Q9参照）、ブルーシートやロープの破片などが多かったとのこと。メコン川は、プラスチック汚染のひどい一〇河川のうちの一〇番目にカウントされている川ですが、浮遊量（個数）では日本の川も負けないほど多いのです。

途上国の写真を見ると、確かに道路や川にはたくさんのごみが捨てられています。ごみの回収や処理が適切に行われていない国もあります。しかし、海をプラスチックで汚染している責任は、プラスチックを大量に生産し、販売・消費している先進国側にあるのではないでしょうか。

---

**プラスチック汚染の酷《ひど》い日本の河川**

「ピリカ」は環境問題の克服を目指すベンチャー企業。日本財団などからの助成を受け、二〇一九年六〜一一月、一二都道府県の七三河川や港湾などを調べた。メコン川はタイやラオスを通ってカンボジア、そしてベトナムを流れ、南シナ海へ抜ける国際河川だ。下流へ行くほどごみ量が増えるが、日本の河川に浮遊する五㎜以下のプラごみ量は、その下流域と同程度に多い。ピリカの「マイクロプラスチック等の浮遊状況調査」のデータはウェブサイトで公開されている。https://opendata.plastic.research.pirika.org

## Q4 ごみの散乱は、ポイ捨てする人が悪いのではないですか？

**私たちはごみをきちんと分別し、回収に出しています。散乱ごみの責任は、ポイ捨てする人にあるので、ポイ捨てを取り締まったら解決するのではないですか？**

散乱ごみはポイ捨てだけが原因ではありません。散乱ごみ問題を単なる美化問題に矮小化《わいしょうか》してしまうと、「みんなで拾えばいい」、「ごみ箱を用意しよう」、「モラル向上のために子どもたちに環境学習をしよう」などということになり、根本的な解決は遠のきます。

もちろんこれらのことも必要かもしれませんが、真っ先に考えるべきは散乱しないように社会の仕組みを作り直すことでしょう。それにはまず使い捨て製品をできるだけなくすことが大事です。みんなで拾うことを繰り返していても、使い捨て製品は増える一方で、散乱ごみはなくなりません。

確かに日本のごみ分別の細かさ・丁寧さは世界的にも有名です。これは、住民の高い教育水準や国民性などが可能にしたものと思われます。多くの人はルール通りにごみを分け、それぞれ決められた日に決められた場所に置いています。

しかし、住民がごみを回収場所に置いたあとから回収されるまでの間に、ごみ袋が風で飛んでいったり、カラスが荒らしたりしている光景を見たことはないでしょうか。日本の多くの自治体で行われているごみの回収方法では、住民の出したごみを一〇〇%回収することはできません。

また、どんなに「ポイ捨てはダメ」と伝えても、ポイ捨てする人は必ず一定程度存在します。しかし、ポイ捨てする人の中で、ポイ捨てが悪いことだと知らない人はほとんどいません。

一九八二年の『暮しの手帖』に環境庁（当時）が行ったアンケート結果が掲載されています。それによると、ここ一年以内に決められた場所以外に空き缶を捨てた経験のある人は、二八%存在しています。これは、モラルがまだ低かった時代の調査で、今ならばゼロになっている、と思いたいところですがそうではありません。二〇一三年にスチール缶リサイクル協会が行った意識調査によると、一年以内の飲料容器（ペットボトル・缶・びん）のポイ捨て経験者は、依然として五%も存在しているのです。

カラスが荒らしたと思われるごみが路上に散乱

どんなに環境教育をしても、どんなに取り締まっても、ごみの散乱は必ず起きるという前提に立って、解決方法を探る必要があります。ごみの分別数が増えれば増えるほど、分けない、あるいは分けられない人も増えてきます。しかも、ピリカの調査（Q3参照）からもわかるとおり、先進国にはごみ排出量としてカウントされにくい細かいプラスチックくずも多いのです。

自然に還らないプラスチックは、大きなものも小さなものも散逸《さんいつ》しないような社会制度作りを目指す必要があります。そのためには、散乱しやすいものや代替品のあるプラスチック製品の製造・販売の禁止を含めた抜本的な対策が必要です。

砂浜に打ち上げられたペットボトルとドレッシングのボトル。ドレッシングボトルはごみの回収場所から漏れ出したと思われる。

## Q5 プラスチックは、生き物に被害を及ぼしますか？ 生態系への悪影響は？

**沖縄の美ら海水族館で、保護された後に死んだイルカの胃と胃の内容物（プラごみ）の展示を見ました。生物や生態系にも大きな被害があるのですか？**

プラごみが、生き物にとって有害であることはいうまでもありません。たとえば、北西ハワイ諸島のミッドウェイ島の砂浜には、コアホウドリの幼鳥の死骸が溢れています。親鳥が海面に浮かぶペットボトルのフタや使い捨てライターなどのプラごみをエサと間違えて、せっせとヒナに与えてしまうためです。栄養にならないプラごみをたくさん与えられたヒナたちは、巣立つことができずに絶命します。

クジラやウミガメもプラごみの被害者です。漂着したクジラの胃から大量のプラごみが出てきた事例は、世界中で枚挙《まいきょ》に暇《いとま》がありません。

大きなプラスチックだけでなく、小さなプラスチックも問題です。アメリカの海洋大型動物保護財団の研究者らによると、ろ過摂食と呼ばれる方

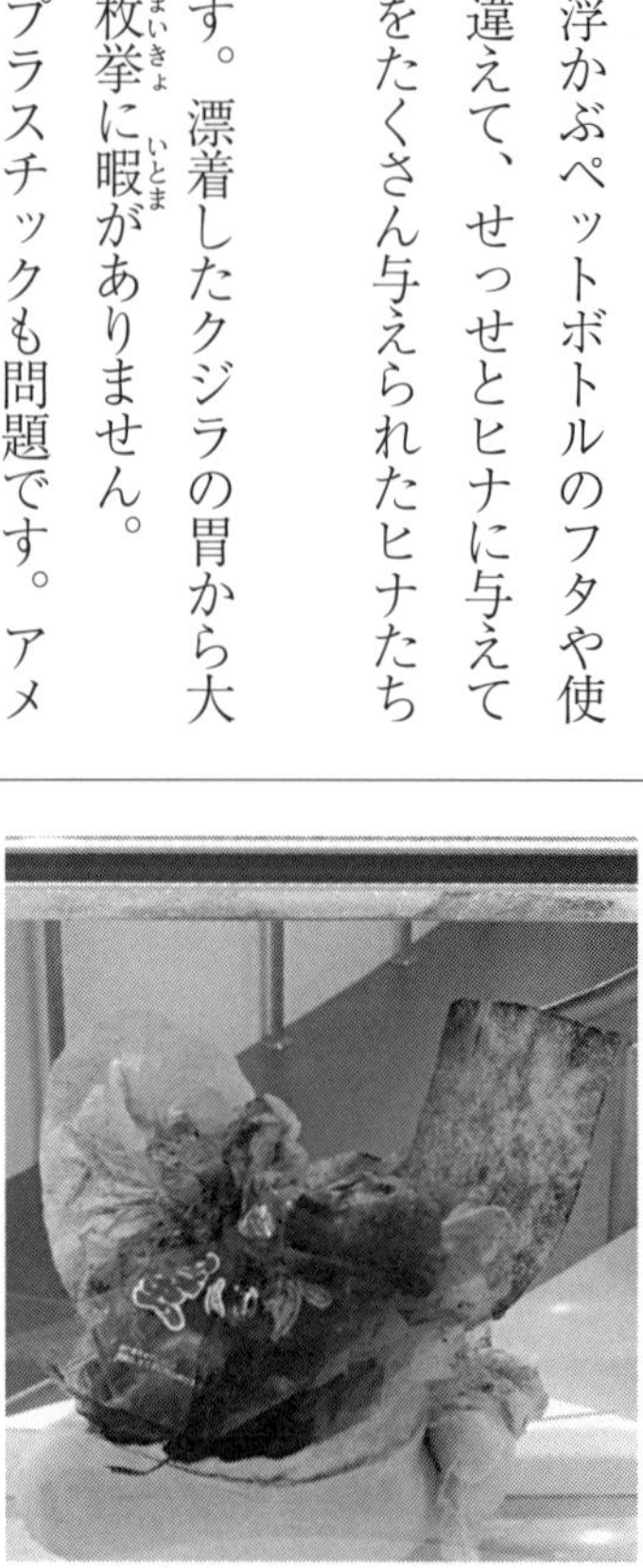

プラごみを食べて死亡したマダライルカの胃（美ら海水族館にて撮影）

法でプランクトンを漉《こ》し取って食べるシロナガスクジラやジンベイザメのような大型のプランクトン・フィーダー（ろ過摂食者）のいくつかの種は、プラごみをプランクトンと一緒に大量に食べてしまうため、絶滅する可能性があるそうです。

　国際連合広報センターは、プラスチック廃棄物が毎年海鳥一〇〇万羽、海洋哺乳類一〇万頭、そして数えきれないほど多くの魚の命を奪っていると発表しています。科学者らは、二〇五〇年までには九九％の海鳥がプラスチックを食べることになると予測しています。こうしたことは、すべて人間が海をプラスチックだらけにしてしまったために起きていることです。

　すべての生物は食べ物や住みかなどを通してみんな繋がっています。植物プランクトンは光合成で酸素や有機物を作り出しますが、その植物プランクトンを動物プランクトンが食べます。その動物プランクトンをイワシなどの小魚が食べ、その小魚を肉食の大きな魚が食べます。魚の死骸やフンはバクテリアによって分解され、やがて植物プランクトンに取り込まれ植物プランクトンの栄養になります。海に入ったプラスチックは、海の生態系を脅かすのです。

**胃からプラごみが出てきたクジラの事例**

　二〇一八年五月、マレーシアとの国境に近いタイの運河で衰弱したゴンドウクジラが発見された。救助隊の懸命な努力にも関わらずクジラは死亡。解剖したところ、胃から八〇枚のレジ袋など八キログラム近いプラごみが見つかった。同年一一月、インドネシアの国立公園の海岸に打ち上げられたマッコウクジラの死骸から、一〇〇〇個以上のプラごみが見つかった。クジラが飲み込んでいたのは、プラ製コップ一一五個、レジ袋二五枚、ペットボトル四本、ビーチサンダル二足、ビニールひも三・二六キログラムなど合計約六キログラムのプラごみだった。

　翌一九年三月には、フィリピン・ミンダナオ島の海岸で衰弱した若いアカボウクジラが発見され、翌日

それだけではありません。海の生態系と陸の生態系はさまざまなもので繋がっています。たとえば、海でサケに異変が起こりサケが遡上《そじょう》しなくなると、産卵後のサケをエサにしていたクマなどが減り、陸上の生態系の循環も崩れてきます。

もし、一〇種類の生物で構成されている生態系があるならば、うち一種類がいなくなると残りは九種類ではなく、三種類かもしれないし、もしかするとゼロになるかもしれないということです。

住みかも大事です。隠れる場所がなくなると外敵に狙われやすくなりますし、繁殖にも影響が出ます。もし、住みかが何らかの事情でダメージを受け、ある生物が減ると、それを食べていた生物も減ります。そうすると、それを食べる生物も減る……という負の連鎖が起こり、結果的にそのエリアの生態系バランスが崩れてしまいます。

熱帯雨林が生物多様性の宝庫であるように、海にも宝庫と呼ばれる場所があります。サンゴ礁です。サンゴ礁には、海の生物種の四分の一から三分の一が生息するといわれるほど多様な生物が集まり、豊かな生態系を織りなしています。しかし、サンゴ礁は破壊的な漁業や、陸地の乱開発によ

---

死亡。このクジラの胃から米袋やバナナ農園で使われるプラ袋、レジ袋、菓子袋、ロープなど約四〇キログラムのプラごみが見つかった。同じ頃、イタリア西部の海岸に打ち上げられたマッコウクジラからは、約二二キログラムのプラごみ（ごみ袋や洗剤の袋、漁網など）が見つかった。子宮の中では胎児も死んでいた。

さらに二〇一九年一一月に英スコットランドで見つかったマッコウクジラを解剖したところ、胃から一〇〇キログラムものプラスチックなどのごみの塊が出てきた。ロープやペットボトル、コップ、手袋などだ。クジラのプラごみ摂食による悲劇の報告例はあとを絶たない。

**大型のろ過摂食者は絶滅する可能性**

Germanov et al. (2018) Microplastics: No Small Problem for Filter-

る土砂流出、そして温暖化などにより大きく数を減らし、既に危機的な状況です。今、そこへプラスチックが追い打ちをかけています。

サンゴは自らもエサをとりますが、体内に共生させている褐虫藻が光合成で得た生産物ももらっています。

海水温が上昇し摂氏三〇度を超える水温が続くなどの環境ストレスにより、サンゴは、体内の褐虫藻を体外に放出します。褐虫藻がいなくなると、サンゴの白い骨格が透けて見えるため「白化《はっか》現象」と呼ばれる状態になります。周辺の環境が回復したら再び褐虫藻を体内に入れ、元の状態に戻りますが、もし環境が回復せず褐虫藻が体外にいない状態が長く続くと、サンゴはやがて死んでしまいます。

サンゴのまわりに微小なプラスチックがたくさんあると、サンゴは褐虫藻の代わりにプラスチックを体内に入れてしまうそうです。その上、サンゴはエサとしてプラスチックをよく食べることも観察されています。褐虫藻やエサの代わりにプラスチックを摂取したサンゴは栄養不足に陥ります。サンゴが一度体内に取り込んだプラスチックを体外に出したとしても、プラスチックに付着していた細菌がサンゴの命を奪うこともあります。

---

Feeding Megafauna, Science & Society, 33.

**プラスチックの海洋汚染による影響**

国際連合広報センターのプレスリリース（二〇一七年五月一八日）によると、毎年海に流れ込む八〇〇万トンを超えるプラごみは、海洋野生生物や漁業、観光に打撃を与え、海洋生態系に八〇億ドル以上の損害を与えている。https://www.unic.or.jp/news_press/features_backgrounders/24422/

米コーネル大学などの研究では、プラごみがサンゴ礁に絡みつくと、組織を壊死《えし》させるような感染症にかかるリスクが二〇倍以上に高まることがわかっています。魚の住みかになりやすい複雑な形のサンゴの方が、より影響が大きいそうです。

国際自然保護連合（ＩＵＣＮ）の調査によると、既に世界のサンゴは三分の一の種類で、絶滅の危機が迫っています。アメリカ地球物理学連合（ＡＧＵ）による二〇二〇年の海洋科学会議で、ハワイ大学の研究者がサンゴの生存率についての調査結果を発表しました。それによると、世界中のすべてのサンゴの絶滅は、このままゆくと二一〇〇年よりもっと早い時期に起こる可能性があるそうです。

サンゴが死に、サンゴ礁生態系が崩壊するような事態になれば、多くの海洋生物は住みかを失い、生きてゆけなくなります。サンゴ礁で暮らす生物がいなくなれば、それらを食べていた生物も数が減り、ドミノ式に影響が波及します。生態系が破壊されてしまうのです。

豊かな生態系を織りなすサンゴ礁は、私たち人間にとっても宝物です。サンゴ礁を守るためにも、これ以上プラスチックを海に入れないようにしなければなりません。生態系を守るためには、以前から警告されている温暖化だけでなく、プラスチックの海洋流出も早急に止める必要があります。

# Q6 海洋生物以外にもプラスチックごみで被害を受ける生物はいますか？

海鳥や海で暮らす生物以外にプラスチックの被害を受けている生物はいますか？　陸上の生物はどうですか？　私たちが食べる果物や野菜も影響を受けますか？

海洋生物だけでなく、陸上の生物もプラごみを食べて被害を受けています。たとえば、奈良公園周辺に生息する国の天然記念物「奈良のシカ」は、不審死すると解剖されます。すると、その胃の中から大きなプラスチックの塊が出てきます。人が落としたレジ袋や菓子袋を食べてしまうと、吐き戻すことも腸に送ることもできずに、絡み合い、胃袋に溜まってしまうそうです。福岡市立動物園でも妊娠中のキリンが死亡したことがあります。一九九二年のことです。解剖すると、直径二〇センチメートル、重さ約三キログラムのプラスチック製菓子袋などの塊が胃から見つかりました。

また、アラブ首長国連邦では、ラクダの死亡原因の半分がプラスチックの誤食によるものです。一〇～六〇キログラムもの重さのプラスチックの塊が、ラクダの胃の中で見つかっています。

ケニアやインドなどでは、レジ袋禁止理由の一つとして、牛がレジ袋を食べて死亡することを挙げています。モンゴルでも遊牧民の飼う羊が草と間違えてプラごみを食べ死亡することが問題になっています。タイでは、国立公園で死んだ野生のゾウを解剖したところ、内蔵から大量のプラスチックが見つかりました。ごみが詰まったことによる消化器官の出血などが主な死因とのことです（『共同通信』二〇二〇年七月二二日）。プラごみが落ちていない社会にならない限り、動物がプラスチックを食べるのを防ぐことはできません。

大きな動物だけでなく、ミミズもプラごみの影響を受けています。英アングリアラスキン大学の研究チームが実験で、土の中にミミズと微細なプラスチックを入れました。するとミミズの体重が一カ月で三％減少したのです。プラスチックを入れない土に入れたミミズの体重は、一カ月で五％増加したそうです。

また二〇二〇年に入ると、植物は、今まで考えられていたよりもずっと大きなプラスチック粒子を吸収することがわかってきました。イタリアの

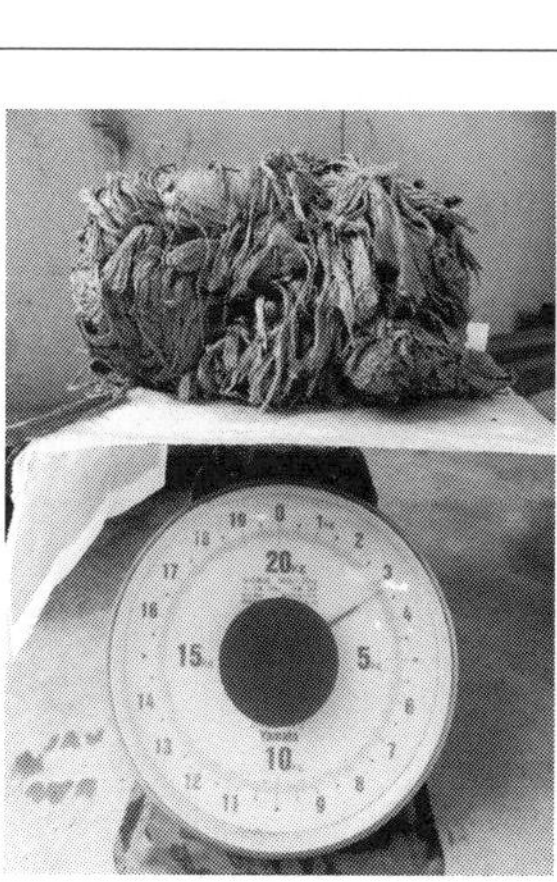

シカの胃からプラスチックの塊
二〇二〇年三月までの約一年間に原因不明で死亡した奈良のシカ二五頭中一六頭の胃の中からポリ袋の塊が検出された。うち四頭はポリ袋が直接の死因だった（『毎日新聞』二〇二〇年五月三一日）（シカのお腹から出て来たプラごみ。提供：一般財団法人奈良の鹿愛護会）。

カターニア大学の研究者らがエンバイロメンタル・リサーチ誌（一八七巻）に発表したところによると、スーパーや地元の農産物販売所で購入した果物や野菜からマイクロプラスチックが見つかりました。調べたのはリンゴ、ナシ、ニンジン、ブロッコリー、レタス、ジャガイモです。野菜より果物のほうに多く見つかったそうです。マイクロプラスチックの平均サイズは一・五一～二・五二㎛（マイクロメートル、一㎛は〇・〇〇一㎜）で、ニンジンに入っていたマイクロプラスチックが一番小さく、レタスが最大サイズでした。

中国の研究者たちも農作物がマイクロプラスチックを吸収することを確認したと学術誌に発表しています。最大二㎛の球状粒子はレタスや小麦の根から取り込まれる可能性があるそうです。人間への影響はわかりませんが、プラスチックが植物に入り込んでいれば、肉や乳製品にも影響し、食物連鎖に影響を及ぼすということです。

また、アメリカのマサチューセッツ工科大学の研究者は、シロイヌナズナというアブラナ科の植物をプラスチック粒子入りの土で育てる実験をしました。その結果、プラスチック粒子入りの土で育てたものは約五〇％も

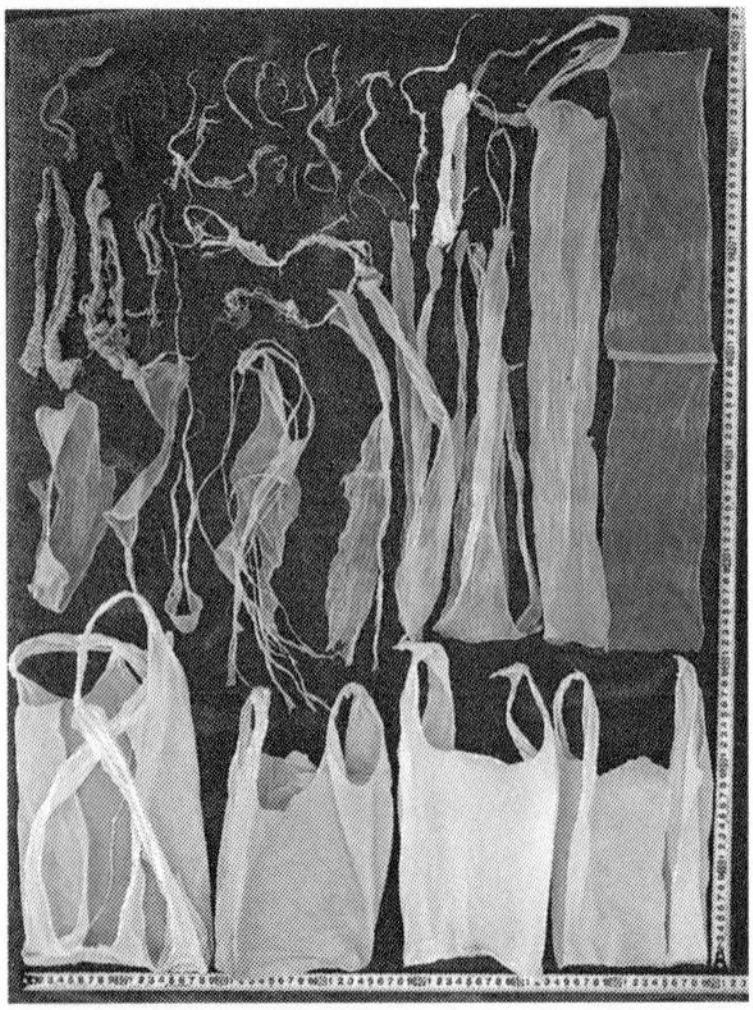

シカのお腹から出てきた塊をほぐすと、レジ袋が多い（提供：一般財団法人奈良の鹿愛護会）

背丈が低く、根も短かったそうです。とりわけプラスチック粒子を土に大量に入れた場合は少量の時に比べ、明らかに成長が遅れていました。植物内でプラスチックが蓄積する場所は、そのプラスチックの電荷によって異なることもわかりました（『Nature』、二〇二〇年六月）。

これらのことから、植物はプラスチックを吸収すること、吸収量は植物の種類や、プラスチックの種類、量、サイズなどによっても異なることがわかります。プラスチックによってミミズや農作物の成長が阻害されるということは、プラスチック製のマルチシートや肥料カプセル（下写真）などを使うこれまでの農業を見直す必要があります。また、堆肥に微細なプラスチックが混入していることはよくあることですが、混入しないようにしなければなりません。たとえば、下水汚泥をリサイクルして作った堆肥や肥料は、現状ではプラスチック粒子が多数混入しているため、野菜や果物の栽培に使用することを見合わせる必要があるでしょう。

海でも陸でも、プラスチックのサイズが小さくなればなるほど、食べたり吸収したりすることで被害を受ける生物は増えるものと考えられます。

海岸で拾った徐放性肥料のカプセルの殻

プロブレムQ&A

# Ⅱ

# マイクロプラスチック

# Q7 マイクロプラスチックって何？　繊維クズやタイヤのクズもそれですか？

マイクロプラスチックには一次と二次があると聞きました。それぞれどんなものですか？　衣類の繊維クズや車のタイヤがすり減って出るクズもそうですか？

マイクロプラスチックとは、五㎜以下の小さなプラスチックのことです。マイクロといっても単位のマイクロ（一〇〇万分の一）ではなく、マイクロバスのマイクロと同様に「小さい」という意味で使われています。

マイクロプラスチックは、その由来から大きく二種類に分けられます。一つは、もともと五㎜以下に作られたプラスチックのことで、一次マイクロプラスチックと呼ばれます。たとえば、洗顔剤などにスクラブ剤（研磨剤）として入れられているマイクロビーズや、プラスチック製品の中間材料であるレジンペレット（Q9参照）、肥料カプセル（Q6参照）や薬剤を入れるマイクロカプセル（Q11参照）などがあります。

もう一つは二次マイクロプラスチックと呼ばれるもので、レジ袋やペ

---

洗濯した際に出る繊維クズ

繊維クズは、マイクロプラスチックファイバー（マイクロファイバー）などとも呼ばれ、下水処理場からもたくさん川へ漏れ出している。米ペンシルベニア州立大学のメイソン博士らが、全米一七の下水処理場から九〇サンプルを集めて分析したところ、下水処理場から淡水に放流されるマイクロプラスチックの六〇％はこの合成繊維クズだった。

洗濯により発生するマイクロファイバーについての研究は、既に数多くなされている。たとえば、ＥＵの

ットボトルのようなもともと五㎜より大きいプラスチック製品の破片です。プラスチックは分解しませんが、紫外線や波、生物などの影響で、細かい破片になります。

たとえば、レジ袋は、紫外線にさらされるとまもなくボロボロになります。屋外でごみ拾いをしたことのある人ならばわかると思いますが、土の上に長く放置されていたレジ袋は、拾おうとしても細かく砕けてしまって拾えません。薄いので、マイクロプラスチックになりやすいのです。また、アイルランドの川にいるありふれたエビに似た甲殻類の一種はかみ砕くことで、四日以内にマイクロプラスチックをナノサイズの微粒子に分解できるそうです（『Nature』、二〇二〇年七月）。

合成繊維の衣類などを洗濯した際に出る繊維クズや、走行時に車のタイヤが路面との摩擦により破片化することで出るクズ（タイヤ摩耗《まもう》粉）もマイクロプラスチックです。これらは本来二次マイクロプラスチックのはずですが、発生した時点から小さく、一次であるマイクロビーズと同じ経路で海へ流れ込みます。そのため、海外の多くの機関は、小さいサイズで直接環境中に放出される繊維クズやタイヤ摩耗粉のようなプラスチックも、一

---

「ライフ・マーメイドプロジェクト」によると、フリースジャケット一枚で一〇〇万本、アクリルのスカーフ一枚で三〇万本、ナイロンソックス一足で一三万六〇〇〇本ものファイバーが、一回洗濯機で洗っただけで出る。また、パタゴニアなどの調査によると、家庭の洗濯機で普通に洗濯した場合、布地から三万一〇〇〇～三五〇万本のファイバーが抜け落ちる。また、イギリスの研究チームが、アクリル、ポリエステル、綿、混紡（綿・ポリエステル）を洗濯（六キログラム）したところ、アクリルが最多で一回の洗濯で約七三万本（ポリエステルが約五〇万本、混紡が約一四万本）のファイバーが発生した。重量ベースの研究結果としては、合成繊維一キログラム当たり三〇〇～一五〇〇ミリグラムのマイクロプラスチックが発生するという試算もある。

次マイクロプラスチックとして扱っています。本書で紹介する事例も、それらを一次としてカウントしています。

ＩＵＣＮ（国際自然保護連合）のレポート（二〇一七年）によると、海へ流入するプラスチックの一五〜三一％が一次マイクロプラスチックです。このうち最も多いと考えられているのが洗濯などで発生する合成繊維のクズ（三五％）で、次に多いのは走行中のタイヤの摩耗粉（二八％）です。三番目に多いのがシティダスト（二四％）と呼ばれる都市部の粉塵で、靴底や調理器具の摩耗、人工芝などのことです。これに続くのは道路の路面標示などが削れたもので七％もあります。さらに、船の塗装が剥がれたものが三・七％、洗顔剤などのマイクロビーズが二％、レジンペレット（Ｑ９参照）が〇・三％と続きます（図1）。これら一次マイクロプラスチックのうち、海へ流れ込むのは推定される発生量の四八％程度であると考えられており、残りは土壌や下水汚泥に蓄積されるとのことです。

プラスチック汚染というと、途上国の不適切な廃棄物管理のせいと思われがちですが、これらのデータは、先進的な廃棄物管理がなされている先進国も汚染源であることを示しています。しかも、これらは小さすぎて回

マイクロファイバーの発生しにくい繊維の開発や、マイクロファイバーが流れ出さないように洗濯機に取りつけるフィルターの開発が進められている。マイクロファイバーは、衣類乾燥機からも発生している。

**コインランドリーの排気ダクト**（提供：環境問題を考える会、栃木県下野市）

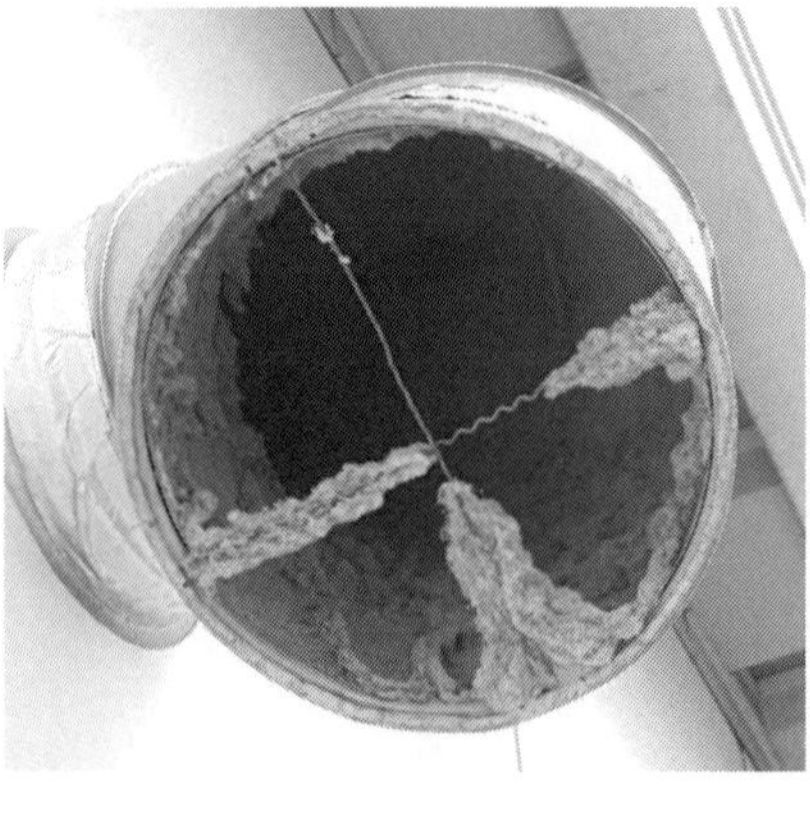

収は不可能です。
欧州最大の応用研究機関であるドイツのフラウンホーファー研究機構によると、ドイツで環境中に放出されるプラスチック量は年間四四・六万トンで、このうち四分の三（約三三万トン）が一次マイクロプラスチックです。最大の発生源はタイヤで、一人当たり年間約一二二九グラムです。二番目に多く発生する廃棄物処理中の放出量三〇三グラム（うちコンポストが一六九グラム、瓦礫粉砕が二八グラム、プラスチックリサイクルが一〇一グラム、ほか）を大きく引き離しています。

欧州では近年、タイヤの摩耗粉だけでなく、ブレーキパッドの摩耗粉もマイクロプラスチックになり、大気中へまき散らされることへの懸念が広がっています。二〇二〇年七月にノルウェー大気研究所（ＮＩＬＵ）の研究者らがネイチャーコミュニケーションズに発表した論文によると、大きめ（一〇㎛以下）の微粒子の多くは発生源の近くに落ちますが、二・五㎛以下の小さい微粒子は風に乗って遠くへ運ばれるものが多いそうです。それらはやがて、海や山岳地帯、北極、さらには南極まで飛んでいき、雪や氷の表面に付着したりします。マイクロプラスチックは、雪氷の色より暗く、

**タイヤもマイクロプラスチックの発生源**
（一社）日本自動車タイヤ協会『日本のタイヤ産業２０１８』によると、タイヤの原料の二一％は合成ゴムで、天然ゴムは三〇％だ。今のところ、タイヤから完全にプラスチックを排除するのは難しい。

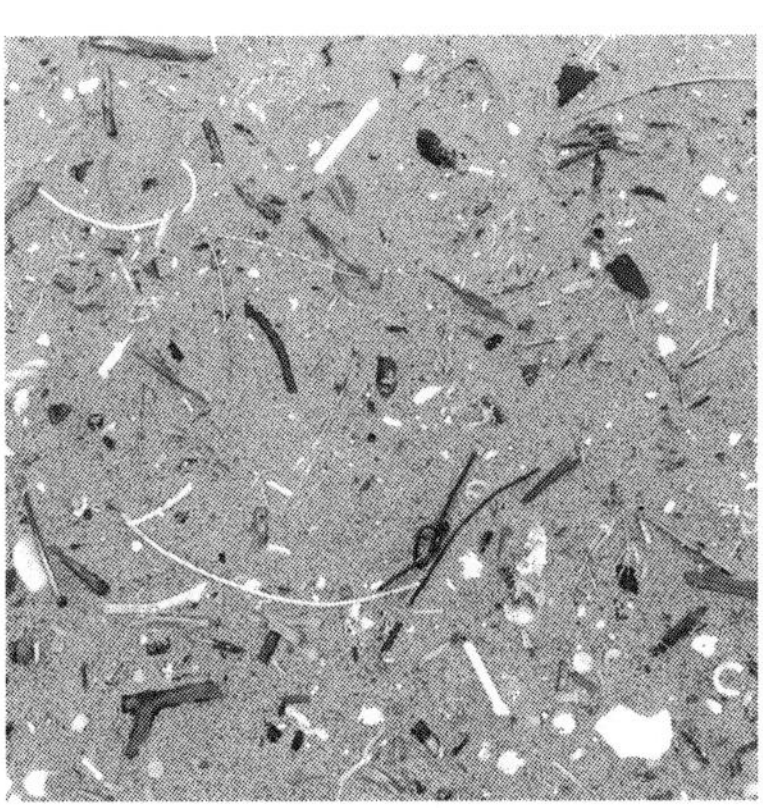
**砂浜に落ちているマイクロプラスチックとプラごみ**

太陽エネルギーをより吸収してしまいます。そのため、温暖化を加速させる原因にもなっているのです。

マイクロプラスチックの研究はまだ始まったばかりです。これまでは川から海へ流れていって、海や海の生物の汚染を通して人間にも影響をもたらすことが懸念されていました。しかし、最近はマイクロプラスチック拡散の主要ルートの一つが大気であることがわかってきました。特に遠隔地へは大気輸送が主要な経路だそうです。私たちがプラスチック汚染から逃れられる場所は、もう地球上のどこにもありません。

今後研究が進むにつれて、もっと多くのことがわかるでしょう。マイクロプラスチックの発生しにくい繊維やタイヤ、靴底、塗料などの開発が待たれます。私たちが今でも確実にできる発生防止法として、綿やウールなど天然素材の衣類を選ぶことや、マイカー利用を減らすこと、さらにプラスチック製品をできるだけ使わないことなどです。

**図1　一次マイクロプラスチック発生源の内訳**

合成繊維とタイヤで3分の2を占めている

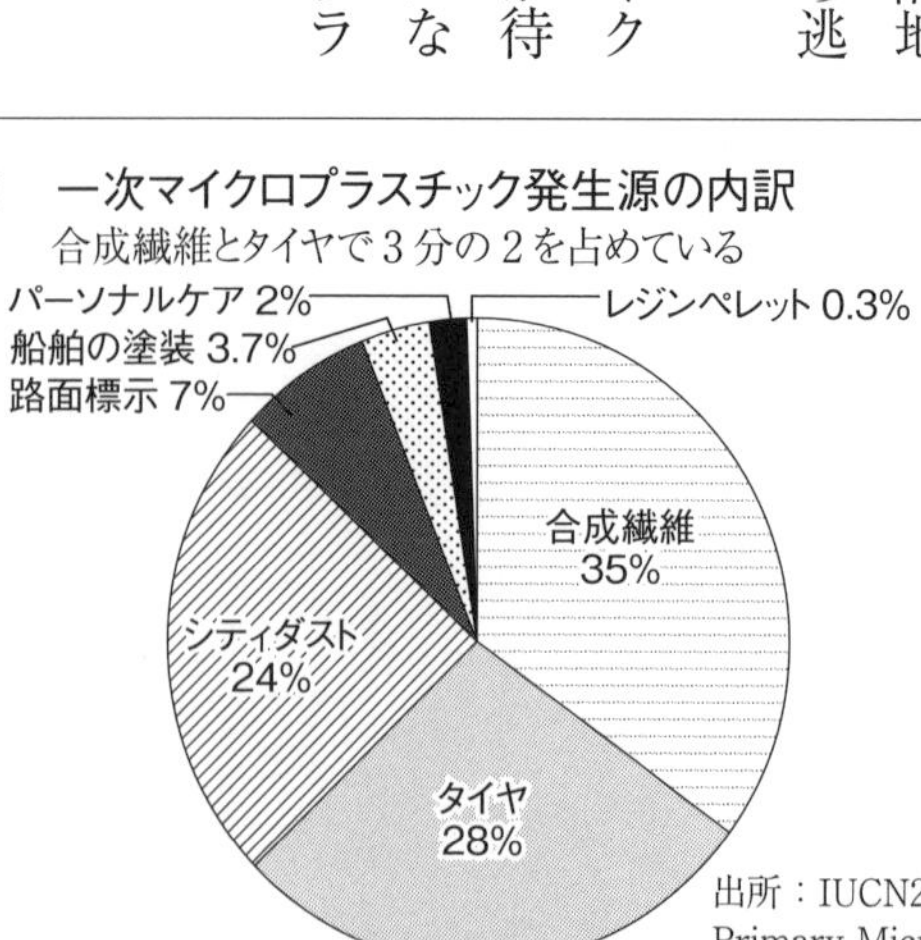


出所：IUCN2017年レポート
Primary Microplastics in the Oceans（2017）

# Q8 マイクロプラスチックの何が問題ですか？　生物濃縮って何ですか？

**マイクロプラスチックは汚染物質を引き寄せ、それが生物の体内で濃縮されると聞きました。どういうことが起きるのでしょうか？**

　マイクロプラスチックは、有害な汚染物質を高濃度に吸着することが指摘されています。プラスチックは、水には馴染《なじ》みませんが脂溶性化学物質には馴染みやすい性質があるからです。破片化することで凹凸が増え、表面積も増えるため、より化学物質を吸着しやすくなります。そのため、プラスチックの破片に吸着された汚染物質の濃度が、周辺の海水よりも一〇〇万倍以上高くなるケースも報告されています。

　海の中には私たちがかつて流したＤＤＴ（殺虫剤）やＰＣＢ（ポリ塩化ビフェニル）などの有害物質が溜まっています。さらに、プラスチック自体にも難燃剤や着色剤、可塑剤、紫外線吸収剤などの化学物質が添加され、これらの中には有害な添加剤も少なくありません。それらがプラスチック

---

**海水よりも一〇〇万倍以上高くなる**
　京都大学の田中周平准教授によると、環境中で注目されている一〇㎛レベルのマイクロプラスチックには、高いものでは周辺の環境水と比べて三〇〇万倍程度の化学物質が存在している。https://kaken.nii.ac.jp/ja/grant/KAKENHI-PROJECT-17K20062/

**海を漂うマイクロプラスチックから出る物質**
　ＤＤＴやＰＣＢ、ダイオキシン、ノニルフェノール、ビスフェノール

からしみ出して海を汚染します。

マイクロプラスチックは破片化しながら、それら化学物質をスポンジのように吸い取ります。現に、海を漂うマイクロプラスチックからＤＤＴやＰＣＢ、ダイオキシンなどの他、プラスチックの添加剤である臭素系難燃剤やノニルフェノール、フタル酸エステル（Ｑ18参照）などが検出されています。これらは、甲状腺機能低下や生殖関係に問題を起こす可能性のある物質です。

東京農工大学の高田秀重教授の研究チームは二〇一九年、貝がマイクロプラスチックを通して化学物質を取り込むことを確認しました。海水中のＰＣＢなどの汚染物質を吸着させたマイクロプラスチックを水に入れ、貝（ムラサキイガイ）を飼育したところ、貝はいったんプラスチックを取り込み、二四日後にはほとんど排出したそうです。しかし、プラスチックから溶け出したＰＣＢは貝の生殖器官中に蓄積していました。

また、高田教授によると、世界一八地域の海鳥の約半分の脂肪から、臭素系難燃剤やフタル酸エステルなどが見つかりました。さらにイギリスの研究チームは、水深一万メートルを超えるマリアナ海溝に生息する甲殻類

---

A、臭素系難燃剤（ＰＢＤＥ）などは内分泌攪乱物質《ないぶんぴつかくらん》（環境ホルモン）と呼ばれる化学物質で、海で拾われたマイクロプラスチックからも検出されている。環境ホルモンとは、生体内に取り込まれた時に、正常なホルモン作用に影響を与える外因性の物質。特に卵子や精子、胎児期や乳幼児期の子どもに影響を与える。摂取するタイミングによって、きわめて微量でも作用する。人や野生生物への影響はまだ未解明な部分が多く、摂取した当人には影響が顕著でなくとも、次世代に現れることもある。

ＤＤＴは戦後まもない頃によく使われた殺虫剤で、先進国では四〇年以上前に禁止されているが、亜熱帯や熱帯地域ではマラリアの感染対策のために今でも使われている。ＰＣＢ（ポリ塩化ビフェニル）はかつて、電気機器の絶縁油などとして使用さ

が、ＰＣＢに汚染されていることを突き止めました。その濃度は、中国で最もひどく汚染されている川のカニよりも五〇倍も高かったそうです。

ＰＣＢなどのような分解しにくく、脂肪に溶けやすい化学物質に汚染された生き物を食べた生物は、さらに汚染が進むことになります。そしてそれを食べた生物は、もっと汚染されます。こうして、食物連鎖の上位にいる生物ほど、よりひどく汚染されることになります。

このように化学物質を体内に蓄積した生物が、食物連鎖によってさらに上位の生物に捕食されることで、上位にいる生物ほど体内の物質濃度が上がっていく現象を「生物濃縮」といいます。

二〇一八年、神奈川県鎌倉市の海岸に、生後一年にもならないシロナガスクジラの赤ちゃんが打ち上げられました。日本には毎年多くのクジラが打ち上げられますが、絶滅危惧種《ぜつめつきぐしゅ》のシロナガスクジラは珍しかったため、解剖されました。その結果、赤ちゃんクジラの脂皮や肝臓、筋肉から、ＰＣＢやＤＤＴが検出されました。

まだ母乳しか飲めないはずの赤ちゃんクジラが、既に化学物質に汚染されていたということは、胎児のうちに胎盤を経由して汚染されたか、母乳

---

れていたが、カネミ油症事件を契機にその毒性が社会問題となり、禁止された。多くの異性体が存在し、中でもコプラナーＰＣＢはダイオキシン類の一種でとりわけ毒性が強い。ＰＢＤＥ（ポリ臭化ジフェニルエーテル）はＰＣＢと類似の構造を持ち、内分泌撹乱作用がある（Ｑ31参照）。

を介して汚染されたものと考えられます。

クジラや人間のように食物連鎖の上位にいる生物は、生体内に蓄積しやすい汚染物質から免れることが難しいのです。

## Q9 海岸にビーズ状のものが落ちています。これもマイクロプラスチック？

**海岸に二～五㎜程度のプラスチックの小粒や、中空のカプセル、直径一㎜ほどの丸くて柔らかいビーズが落ちています。これらもマイクロプラスチックですか？**

海岸や川辺にプラスチックの小さい粒が落ちているのをよく見かけます。このうち二～五㎜ほどのものは、プラスチック製品の製造工場で原料として使われるレジンペレットです（写真）。輸送の途中でこぼれたり、工場で不適切に扱われたりすることで、環境中に漏れ出します。形は、球状、円盤状、円柱状などさまざまです。お手玉の詰め物などに利用するため、手芸店でも売られています。

また、似たようなサイズの粒で、よく見ると中空で潰《つぶ》れているものもあります。これは肥料成分をカプセルに入れた被覆《ひふく》肥料の殻です（Q6参照）。稲作などによく使用されているため、時期によっては水田付近で見かけることもあります。

河原で他のプラごみに混じって落ちているレジンペレット

これらは数ミリ程度あるのではっきり見えますが、虫眼鏡で探さないと見えないほど小さなビーズが落ちていることもあります。それはぬいぐるみやビーズクッション、ビーズソファーなどに入れられていた発泡スチロールのビーズです（写真次ページ下）。大きいビーズは二㎜程度ありますが、一㎜に満たないものも多く、押すとペレットよりも柔らかい感触です。

ビーズクッションを使っていると、だんだん潰れて、へたれてきます。そのため、補充用ビーズも売られていますが、何年か使用すると粗大ごみに出す人が多くいます。『このゴミは収集できません』（滝沢秀一著、二〇一八年）によると、ごみ収集の現場ではこれを「爆弾」と呼んでいるそうです。ビーズクッションをパッカー車に積み込む際、回転板に巻かれると布が破れ、中身が飛び散るためです。飛び散ったビーズは静電気で道路などにへばりつき、とても拾えるものではありません。やがて川へ落ち、海まで流れ、その一部が海岸に打ち上げられます。

これよりもっと小さいビーズもあります。洗顔剤や歯磨き粉などにスクラブ剤として入れられていたマイクロビーズです。このビーズは〇・〇〇一㎜～〇・一㎜程度と小さすぎて、落ちていても肉眼では見えません。こ

---

**マイクロビーズ**

スクラブ剤として入れられているマイクロビーズは、成分表示を見ると「ポリエチレン製」が多いため、「ポリエチレン」あるいは「ＰＥ末」（粉末状のポリエチレンで大きいものはスクラブ剤として使用されるが、小さい微粒子はファンデーションなどにも使用される）などと書かれている。洗浄剤などを購入する際は、表示を確認する必要がある。

のような水で洗い流すタイプのビーズは、アメリカではオバマ大統領が二〇一五年末、「マイクロビーズ除去海域法」という法案に署名し、二〇一七年から製造禁止になりました。カナダや台湾、韓国などでも禁止されています。

日本では二〇一六年、日本化粧品工業連合会が会員企業に自主規制を呼びかけました。二〇一八年には「海岸漂着物処理推進法」が一部改正され、洗い流しのスクラブ製品に含まれるマイクロビーズは使用が抑制されることになりました。しかし、日本の場合、あくまでも努力義務であるため、罰則はありません。そのため、まだ通信販売サイトなどでは、国内メーカーのポリエチレン製のスクラブ入り洗顔剤が売られて

表3　各国のマイクロビーズ規制

| 国 | 対象 | 製造禁止 | 販売禁止 |
|---|---|---|---|
| アメリカ | マイクロビーズを含むリンスオフ化粧品 | 2017.7 | 2018.7* |
| 韓国 | マイクロビーズを含む化粧品 | 2017.7 | 2018.7 |
| フランス | マイクロビーズを含むリンスオフ化粧品 | 2018.1 | 2018.1** |
| ニュージーランド | マイクロビーズを含むリンスオフ化粧品、および車や部屋等の洗浄剤 | 2018.1 | 2018.1 |
| カナダ | マイクロビーズを含む歯磨き粉、洗面剤 | 2018.1 | 2018.1 |
| | マイクロビーズを含む自然健康製品 | 2018.7 | 2019.7 |
| 台湾 | マイクロビーズを含む化粧品、洗浄剤（マイクロビーズを含んだシャンプー、ボディソープ、石けん、スクラブ洗顔料、歯磨き粉） | 2018.1 | 2018.7 |
| 中国 | マイクロビーズを含む日用品 | 2020年末までに禁止 | 2022年末までに禁止 |
| 日本 | 2016年3月、日本化粧品工業連合会が会員企業にマイクロビーズ使用の自主規制を要請。2018年6月、海岸漂着物処理推進法が改正され、事業者は「公共の水域又は海域に排出される製品へのマイクロプラスチックの使用の抑制に努める」ことが盛り込まれた。2019年5月プラスチック資源循環戦略に、「2020年までにスクラブ製品のマイクロビーズ削減を徹底する」と記載された。 | | |

*州際商業への投入禁止　**市場への投入禁止

出所：環境省資料集「プラスチックを取り巻く国内外の状況」、国際環境研究所「中国の環境・エネルギー事情」（2020.3.18）、ほか

います。

また、驚くことにスクラブ用以外の目的で使用されるポリエチレン入り洗顔剤は、大手メーカーからも販売され続けています。

マイクロビーズというと、すでに多くの国で規制され、解決済みの問題ととらえられがちですが、規制されているマイクロビーズはさまざまな製品に使われているマイクロプラスチックのごく一部にすぎません。今でもまだ実に多くの製品に、マイクロビーズが使われているのです。このようなマイクロプラスチックを意図的に使った製品については、法律による規制が必要です。

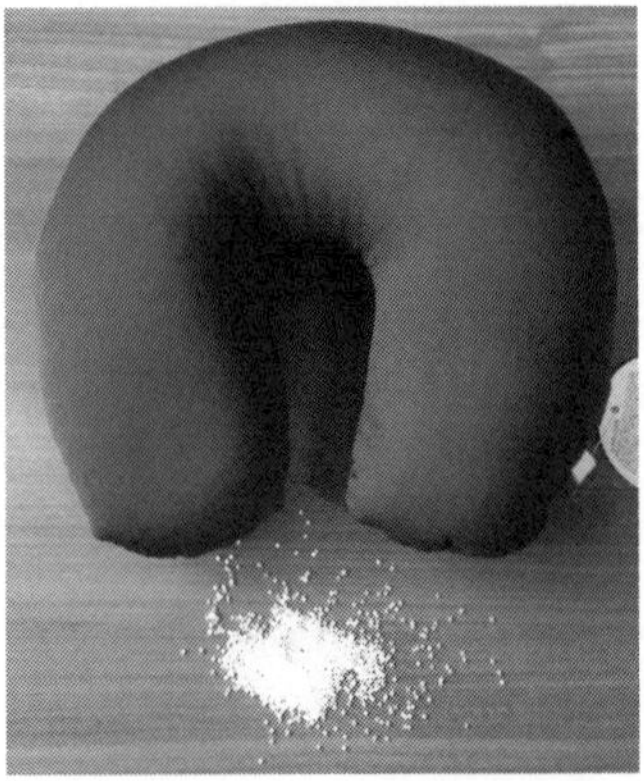

ビーズクッションと中に入っている発泡スチロール製ビーズ

# Q10 口紅やリップクリームにマイクロプラスチックが入っているって本当？

**口紅やリップクリーム、ファンデーションなどにもマイクロプラスチックが入っていると聞きました。環境や健康への影響はないのですか？**

経済産業省の報告書によると、日本で販売されている一次マイクロプラスチックは約一九万トン（二〇一六年見込み）で、世界で販売される量の約八％です。この数値には、使用時に微細化するタイヤや合成繊維などは含みません。

報告書で把握されているうち最も多い用途は、紙オムツや生理用品などの衛生材料で約一七万トン、残りが化粧品や塗料、インキ、土壌保水剤などです。衛生材料の多くは、日本では焼却されることが多く、環境中へ漏れる量はそれほど多くないと思われます。反対に、化粧品分野で使用されるものは、洗顔剤など洗い流すタイプ以外のものでも、多くが水環境中に漏れ出します。

経済産業省の報告書

https://www.meti.go.jp/meti_lib/report/H28FY/00116.pdf

経産省の「平成28年度化学物質安全対策（マイクロプラスチック国内排出実態調査）報告書」によると、「化粧品」分野での特許数は二三六件、うち一番多いメーカーがロレアルの三四件、次が花王一九件、次は資生堂で一三件だ。

たとえば、花王の特許名「化粧料用粒子及びその製法」の場合、球状で〇・一～七五㎛のマイクロプラスチックの用途は、パック、ファンデ

国連環境計画（UNEP）が二〇一五年に出したマイクロビーズについての報告書「PLASTIC IN COSMETICS」（化粧品におけるプラスチック）によると、マイクロビーズはさまざまな目的でパーソナルケア製品や化粧品に使われているそうです。たとえば、消臭剤やシャンプー、コンディショナー、シャワージェル、口紅、ヘアカラー、シェービングクリーム、日焼け止め、防虫剤、しわ防止クリーム、保湿剤、ヘアスプレー、フェイシャルマスク、ベビーケア製品、アイシャドウ、マスカラなどです。これらのマイクロプラスチックが洗顔や洗髪などによって下水に流れ込んだ場合、下水処理施設で完全には処理できません。処理済みの廃水と一緒に川へ放流されたり、または下水汚泥の中にたまり、汚泥肥料として農地に施肥されたり、あるいは埋め立てられたりしています（図2）。

口紅やリップクリームなどは、下水どころか、使用中に口に入る可能性も高く、人の健康を害す可能性すらあります。しかし、これらの危険性については、まだよくわかっていません。

化粧品の成分が検索できる日本の化粧品成分データサイト「美肌マニア」で、「ポリエチレン」で検索をかけると、ポリエチレン配合化粧品が二二

ーション、口紅、ローション、コールドクリーム、ハンドクリーム、皮膚洗浄剤、柔軟化化粧料、栄養化粧料、収斂化粧料、美白化粧料、シワ改善化粧料、老化防止化粧料、洗浄用化粧料、制汗剤、デオドラント剤等の皮膚化粧料、シャンプー、リンス、トリートメント、整髪剤、養毛剤等の毛髪化粧料。材質は、ポリエチレンワックスやポリプロピレンワックス、またはこれらの混合物、更にシリコーン化合物を含有とのこと。

五〇件ヒットします（二〇二〇年一二月現在）。このうち口紅が七六四件、リップグロスが二九件、リップライナーが一三二件で、半数近くがリップメイク関係です。このサイトではリップクリームについてはわかりませんが、リップクリームにもポリエチレンを配合した製品の多いことは、スーパーやドラッグストアに陳列されている製品の成分表示を見てもわかります。

しかし、成分にプラスチックの名前があったとしても、それがマイクロプラスチックかどうかはわかりません。実は、化粧品には固形のマイクロプラスチックだけでなく、液状のプラスチックも使われているのです。イギリスの化粧品業界は、液体のプラスチックはマイクロプラスチックではなく、海洋環境にとって脅威ではない、と危険性を否定しています。しかし、オランダの「プラスチック・スープ財団」の研究者らは、生分解性や毒性についての情報がないまま、液体プラスチックを大量に化粧品に使い続けることを大変心配しています。

日本の化粧品にも液体のプラスチックが使われています。『自分で調べて採点できる化粧品毒性判定事典』（小澤王春著、メタモル出版、二〇〇五年）によると、合成樹脂や合成セルロースの水溶液が美容液や乳液、クリーム

図2　日本の下水汚泥処理方法の内訳（2019年度）

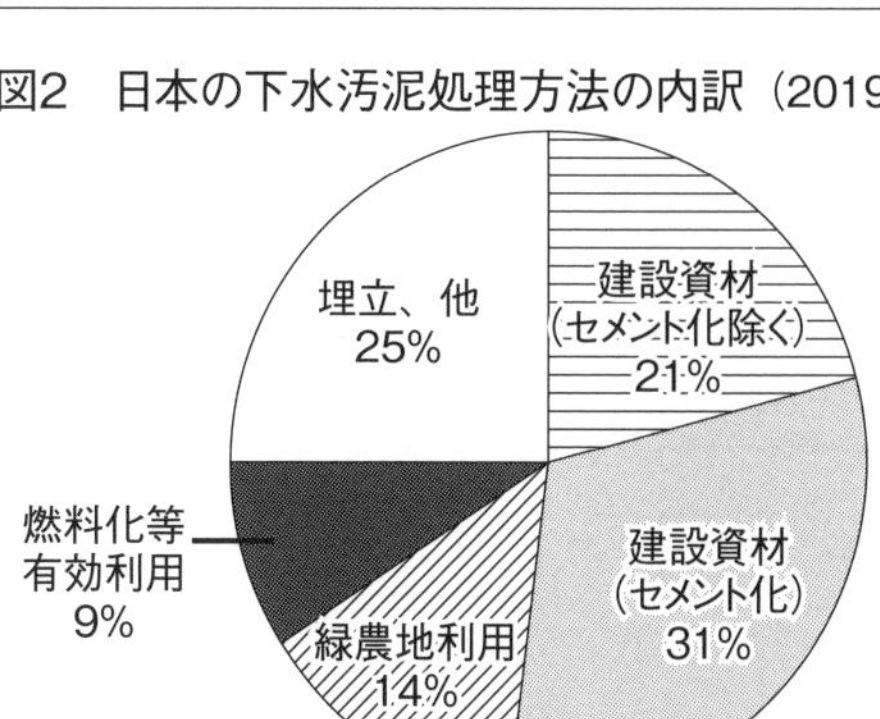


出所：国土交通省「マテリアル利用の推移」をもとに作成

## ポリエチレンを配合した製品が多い

ドイツ最大の環境団体ＢＵＮＤ（ドイツ環境自然保護連盟）の冊子『MIKROPLASTIK und andere Kunststoffe in Kosmetika（化粧品におけるマイクロプラスチックとその他の

などに利用されているそうです。

化粧品やパーソナルケア製品へのマイクロビーズの添加を禁じている国でも、禁止品目を洗顔剤やボディソープ、シャワージェル、シェービングフォーム、歯磨き粉など水で洗い流すタイプの化粧品やパーソナルケア製品に限定しています。そのため、多くの化粧品などにまだマイクロプラスチックは使われ続けています。化粧品の「脱プラ」は一朝一夕には難しく、メーカーの協力なしには現状把握すら覚つきませんが、早急な対策が必要でしょう。

EUでは二〇一九年一月、ECHA（欧州化学物質庁）が製品に意図的に添加されるマイクロプラスチックを段階的に廃止することを提案しました。採択されればEU国内から環境中に放出されるマイクロプラスチック量は二〇年間で約四〇万トン減少する可能性があります。ECHAが提案した規制の対象は、化粧品や洗剤、塗料、建設資材、農業など幅広い用途に使われるマイクロプラスチックです。EUは目下、このような製品の見直しを進めており、今後EUの化学物質規制のもとで、制限を設ける可能性があります。

---

プラスチック）』によると、化粧品の成分で最も一般的なプラスチックとその略称は次の通り。
ポリエチレン（PE）、ポリプロピレン（PP）、ポリエチレンテレフタレート（PET）、ナイロン-12、ナイロン-6、ポリウレタン（PUR）、アクリレーツ・コポリマー（AC）、アクリレーツ・クロスポリマー（ACS）、ポリアクリレート（PA）、ポリメチルメタクリレート（PMMA）*、ポリスチレン（PS）、ポリクオタニウム（PQ）
*筆者注：PMMAは日本の化粧品成分表示では「ポリメタクリル酸メチル」

# Q11 柔軟剤にマイクロカプセルを入れるのはなぜですか？

**香害被害者が増えていると聞きました。柔軟剤のマイクロカプセルなどが原因だということですが、なぜ柔軟剤にマイクロカプセルを入れるのですか？**

柔軟仕上げ剤（柔軟剤）や消臭剤、芳香剤《ほうこうざい》、殺虫剤、洗濯用洗剤の中には、目に見えないほど小さなプラスチック製のマイクロカプセルを配合したものがあります。カプセルに成分を閉じ込めることで、安定した状態が保たれるため、長期間効力が持続するのです。

たとえば、香りが長持ちするタイプの柔軟剤の多くに、香料成分を内包したカプセルが入っています。カプセル入り柔軟剤を洗濯時に使用すると、多くのカプセルが排水と一緒に下水へ流れますが、一部は衣類に付着します。乾いた後も服に付いたカプセルは、水分で緩んで徐々に中身が浸みだしたり、刺激によって時間差で弾けたりして中身の香り成分が飛び散ります。そのため一定レベルの香りが長時間なくならず、一週間持続すること

マイクロカプセルを配合したもの

カプセルにはプラスチック製でないものもあり、マイクロカプセルが必ずしもマイクロプラスチックとは限らない。たとえ、環境中に漏れ出す製品へのマイクロプラスチックの意図的添加が禁止され、そのカプセルがプラスチック以外の素材に変更されたとしても、中身成分が有害で、香りが長時間持続するものである限り、被害はなくならない。

国民生活センターが二〇二〇年四月に発表した実験結果によると、合成洗剤と香りの強い柔軟剤を使って

を謳った商品もあるほどです。

このマイクロカプセルにより、健康に関わる三つの重大問題が発生しました。一つは、香りが持続するようになったため「香害（こうがい）」被害者が急増してしまったことです。香害は、化学物質に敏感に反応する「化学物質過敏症」の一種です。電車の中でも匂いにさらされ、会社へ行っても同僚の服から匂い、休日には近所の家の洗濯物から匂う……。これでは化学物質に敏感な人はたまりません。柔軟剤臭に関する国民生活センターへの相談件数は、同センターで情報提供を実施した二〇一三年をピークに高止まりしています（図3）。

香料は三〇〇〇種類以上ありますが、大半が合成香料で、中には身体に有害なものもあります。これらの中からいくつか選んでブレンドして使うわけですが、表示は「香料」のみで構いません。

二つめの問題は、カプセルの原料です。以前はポリウレアやポリウレタンなども使われていましたが、強毒性のイソシアネートの発生が問題視されたためか、最近はメラミン樹脂製に切り替えられたものが多いようです。しかし、そのメラミン樹脂からは、化学物質過敏症の原因物質であるホル

---

綿製品を洗濯した場合は、無香性や微香タイプの柔軟剤を使用した場合と比べ、揮発性有機化合物（ＶＯＣ）の放出量は二倍ほど増加した。さらに、香りの強いタイプの柔軟剤を規定量の二倍使用した場合、放出量はさらに二倍以上はね上がった。放散されるＶＯＣには、匂いのある成分と匂いのない成分の両方があったとのこと。また、米コロラド大学の研究者らが二〇一八年に発表した論文によると、ロサンゼルスの大気には、香水や洗剤、消臭剤、殺虫剤、印刷用インクなど家庭にある日用品由来のＶＯＣが、自動車から放出されたＶＯＣとほぼ同量だった。

ＶＯＣは光化学スモッグの原因物質の一つだ。健康被害の原因になるＶＯＣの発生源を家庭からできるだけ排除する必要がある。昔ながらの石けん洗剤ならば、少なくとも柔軟

ムアルデヒドが発生します。つまり、近くにカプセル入り柔軟剤の使用者がいれば、香料だけでなく、ホルムアルデヒドにもさらされることになるのです。

千葉工業大学の亀田豊准教授たちは、七種類の柔軟剤（海外産一種類、国産六種類）を調べ、二〇二〇年三月に日本水環境学会で発表しました。それによると、海外産のものにはマイクロカプセルが入っていなかったそうですが、国産の六種類には入っていました。そのうち五種類がメラミン樹脂製で、残りはエチレン酢酸ビニルでした。サイズの多くは一五㎛未満で、うち一種類は五㎛程度と極小サイズです。

実はこのサイズが三つめの問題なのです。もともとのサイズが目に見えないほど小さい上に、さらにカプセルが弾けて飛び散るわけですから、そのプラスチック片を呼吸と一緒に人間も吸い込むことになります。しかも使用者だけが吸い込むわけではなく、衣類に付着していたカプセルが弾けた際に周囲に拡散するため、使用者から離れたところにいる人も吸い込む可能性があります。

吸い込まれたプラスチック片は、サイズに応じてその行方が変わります。

剤を使う必要はなくなる。

**合成香料**

ＳＣジョンソンは二〇一八年七月、日本で販売されているものも含め、〇・〇一％以上の香料成分をすべて開示、ウェブ上で公表した。米ユニリーバは二〇一八年末までに〇・〇一％以上の香料成分を開示したため、少なくともアメリカで販売されている製品の成分は知ることができる。Ｐ＆Ｇはアメリカとカナダで販売するすべての製品の〇・〇一％以上の香料成分を二〇一九年末までに開示。日本石鹸洗剤工業会は二〇二〇年三月、柔軟剤や洗濯用洗剤などに含まれる香料成分に関しての指針を発表。〇・〇一％以上の香料成分の開示を求めた。ライオンは求めに応じ、ウェブ上で香り成分を公表している。

『マイクロカプセル香害』（古庄弘枝著、ジャパンマシニスト社、二〇一九年）によると、二・五㎛より大きいものは鼻毛でつかまえられますが、それより小さいものは肺胞に届きます。一㎛だと肺胞のマクロファージ（免疫細胞の一種）が貪食《どんしょく》しますが、〇・五㎛以下だとマクロファージは反応しないそうです。肺胞の毛細血管に入った破片は、血流に乗って全身の臓器へ運ばれることになります。

現代人は、誰もが化学物質過敏症を発症する可能性があるといわれています。原因は、マイクロカプセルのせいだけではないでしょう。しかし、「香害をなくす連絡会」（事務局：日本消費者連盟）が二〇二〇年におこなった香りについてのアンケート調査では、回答者約九〇〇〇人のうち、七〇〇〇人以上が香り付き製品の匂いで具合が悪くなり、うち柔軟剤で具合が悪くなったと回答した人は六〇〇〇人以上（複数回答）と最多でした。

製品には、「カプセル」の表示はなく、どの製品にマイクロカプセルが入っているかもわからなければ、その材質もわかりません。その上、中身の香料成分まで非表示では、消費者はまるでロシアンルーレットをしているようなものです。

---

**化学物質過敏症**

近畿大学医学部の東賢一博士らが行った疫学調査によると、潜在的な患者も含め日本では人口の七・五%（一三人に一人）が化学物質過敏症だと推測される。アメリカは約一四%で、日本のほぼ倍だ。日本もアメリカの後を追いかけ、増え続けている。

また、新潟県立看護大学の永吉雅人准教授らが新潟県上越市で小中学生を対象に二〇一七年に行った調査では、一二・一%の児童生徒が化学物質過敏症の兆候を示した。小学一年生では七%、中学三年生では一五%がその兆候を示し、学年が進むにつれて増加傾向が見られた。

小学生の発症原因の一つは、クラスメートの着ている衣類に付着していた柔軟剤や、同級生の家庭で洗濯された給食着だ。発症後、授業を受けられなくなる児童も少なくない。

被害は人間だけにとどまりません。香りが長持ちするタイプ（高残香性タイプ）の柔軟剤や洗濯洗剤を使用している家庭の場合、飼っているペットにも影響があるそうです。獣医学雑誌『CLINIC NOTE』（二〇一九年三月）に報告されたところによると、ネコの涎《よだれ》が止まらなくなったり、イヌがてんかんのような症状を発症したりします。軽度の場合は、飼い主が高残香性タイプの使用を中止すると症状はなくなりますが、重度の場合は命を落とすケースもあります。

自宅で好きなアロマの香りに癒《いや》されるのは結構ですが、香りが長持ちするタイプの柔軟剤や洗濯洗剤の香りは衣類に長時間付着するため、着ている人は匂いを感じなくなります。しかし、周囲の人に匂いを押し付けることになります。自分や家族だけでなく、周りの人をも病気にする危険性があることを忘れてはなりません。

EUが規制を検討しているマイクロプラスチックの意図的添加製品（Q10参照）には、柔軟剤などのマイクロカプセルも含まれています。マイクロカプセルが人の健康や生態系に与える影響についての研究は今後進むでしょうが、それを待つまでもなく、まず避けることが何よりも大事です。

図3　「柔軟仕上げ剤のにおい」に関する相談件数の年度別推移

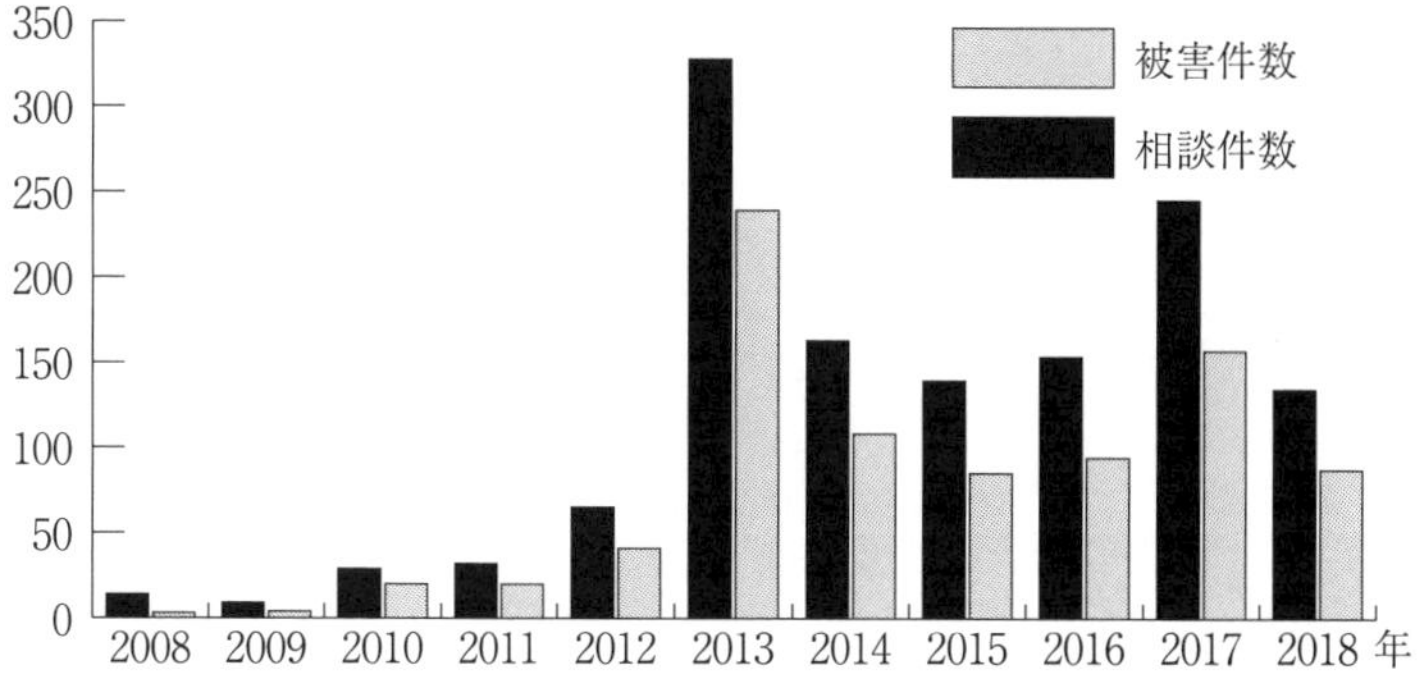


出所：国民生活センター「柔軟仕上げ剤のにおいに関する情報提供」および「柔軟仕上げ剤のにおいに関する情報提供（2020年）」をもとに作成

## Q12 大気にもマイクロプラスチックは漂っていますか？

世界各地の大気や雨からマイクロプラスチックが見つかり、「プラスチックの雨」が降っていると聞きました。私たちが吸う空気の中にも混じっているのですか？

近年、世界各地の大気や雨、雪などからマイクロプラスチックが検出されたという報告を聞くようになりました。もちろん日本の大気も例外ではありません。

早稲田大学の大河内博教授らは二〇一九年夏、富士山頂の大気からマイクロカプセル（Q11参照）や生分解性プラスチック（Q19参照）など多様なプラスチックを検出しました。繊維状のものはなく、ビーズ状と破片状が同程度見つかったとのことです。富士山頂は、人間活動の影響を受けない自由対流圏です。その大気から多様なマイクロプラスチックが見つかったということは、地球規模でプラスチック汚染が拡散されていることを示しています。また、早稲田大学の屋上（東京都新宿区）の大気からもマイクロプラスチックが見つかっているそうです。

福岡工業大学の永淵修客員教授も同年一一月、福岡市内で大気中に浮遊するマイクロプラスチック（ポリエチレンやポリプロピレン）を確認したと発表しました。九州山地の樹氷からもマイクロプラスチックが見つかっているということです。

海外では二〇一五年、フランスのパリ東大学の研究者らが、世界で初めて大気降下物からマイクロプラスチックを確認したと発表しました。パリには一日一平方メートル当たり二九～二八〇個（平均一一八個）のマイクロプラスチックが降り注いでいるそうです。そのうち九〇％が繊維で、繊維の五〇％が一㎜より長く、残りは〇・一～一㎜でした。

二〇一七年には、中国南部の工業都市・東莞《ドングアン》市内三カ所の大気降下物からマイクロプラスチックが確認されました。一日一平方メートル当たり一七五～三一三個で、やはり繊維状のものが多く見つかりました。

二〇一九年に入ると、イギリスとフランスの研究チームが、スペインとの国境にあるフランスのピレネー山脈の大気からマイクロプラスチックを検出しました。人里から遠く離れた標高約一四〇〇m地点で、一日平均で

---

**大気降下物からマイクロプラスチックを確認したと発表**（都市部におけるマイクロプラスチック汚染：パリにおける研究事例）。
Dris et al. (2015) Environmental Chemistry, 12 (5). https://www.publish.csiro.au/en/en14167

一平方メートルあたり三六五個のマイクロプラスチックが地上に降下していることがわかりました。大半が〇・〇一〜〇・一五㎜で、材質はポリスチレンやポリエチレンなど容器に使われるようなプラスチック片や繊維片だったそうです。

アメリカでも同年、内務省と地質調査所の研究チームが報告書「プラスチックの雨が降る（It is Raining Plastic）」を発表しました。コロラド州で採取した雨水の九〇％から、マイクロプラスチックが見つかったのです。繊維状のものが多く、最も多い色が青で青色を筆頭に、赤、銀色、紫、緑、黄色の順に多く見つかりました。ビーズ状や破片状のものもあったそうです。ロッキーマウンテン国立公園で採取された雨水からも色とりどりのプラスチック繊維が見つかりました。

さらに北極圏でも、プラスチックの繊維や破片が見つかっています。グリーンランドとノルウェーのスバールバル諸島の間に位置するフラム海峡で、海氷一リットル当たり一万二〇〇〇個以上のマイクロプラスチックが検出されました。また、フラム海峡に積もった雪からは、一リットル当たり一万四〇〇〇個ものマイクロプラスチックが検出されました。

マイクロプラスチックは気流に乗って空を移動し、プラスチックを含んだ雪として北極地方に降っている可能性が指摘されています。また、海に流れ込んだプラスチックが北極地方まで長距離移動し、海氷に取り込まれ、蓄積されるともいわれています。

大気中のマイクロプラスチックの研究はまだ始まったばかりで、わからないことだらけです。マイクロプラスチックがどこでどのくらいの量発生し、どのように移動してどうなるのか、それが人にどのような影響をもたらすのか、まだほとんどわかっていません。

# Q13 室内のマイクロプラスチック発生源はどこですか？

**外よりも室内の方がマイクロプラスチック濃度は高いと聞きました。発生源はどこですか？　また、吸い込まないようにするには、どうしたらよいですか？**

大気中に浮遊するマイクロプラスチックには、合成繊維のクズ（マイクロプラスチックファイバー）が多いことが、これまでの研究でわかっています。室内三カ所（住宅二カ所・オフィス一カ所）と屋外一カ所の空気中に含まれる微小繊維を比較したフランスの研究では、室内のマイクロファイバー量の方が断然多いという結果になりました。一立方メートルあたり一～六〇本もの繊維が室内の空気中に含まれていたそうです。その繊維の六七％が主にセルロース系の天然素材でできたものでしたが、三三％はポリプロピレンなどのプラスチック（合成繊維）でした。室内で使われているカーペットや衣類、カーテンなどが発生源だと考えられます。

検出方法の制約により、この研究で検出できたマイクロプラスチックは人が吸い込むには大きすぎる繊維ですが、小さい繊維の存在も確認されていることから、人は室内の空気からマイクロプラスチックを吸い込んでいることは確かでしょう。

これらを避けるための最も簡単な方法は、身の回りから合成繊維をできるだけ排除することです。たとえば、室内着は綿一〇〇％など自然素材のものを選ぶことや、寝具やクッション、カーペットなども自然素材にこだわることなどです。特に衣類は、洗濯時よりも着ている時の方がマイクロファイバーの発生量は多いという報告もあります。ポリエステル製の衣類の場合、一回の洗濯で出るマイクロファイバー量と三時間二〇分日常的な動作をしているだけで出る量は、同じなのです。また、台所や掃除に使うスポンジや雑巾も自然素材のものに替えることはすぐにでも実行可能です。

また、ホコリを吸い込まずに済むよう、時々窓を開け換気することや、拭き掃除をすることも有効でしょう。特に小さい子どもは、ホコリのたちやすい低い位置で呼吸しているため、より注意が必要です。

もちろん、マイクロカプセル入りの柔軟剤や消臭剤（Q11参照）などを使わないことも重要です。

---

ポリエステル製衣類からの水と大気へのマイクロファイバー放出量

De Falco et al.（2020）Environmental Science and Technology 54 (6). https://pubs.acs.org/doi/abs/10.1021/acs.est.9b06892

## Q14 人間もマイクロプラスチックを食べているのですか？ 健康への影響は？

**人の便からもマイクロプラスチックが検出されているそうですが、私たちがどれほどプラスチックを食べているのか気になります。健康への影響はないですか？**

二〇一八年一〇月、ウィーンで開催された欧州消化器病学会で、衝撃的な研究報告が発表されました。人の便からマイクロプラスチックが検出されたというのです。研究を率いたウィーン医科大学の研究チームによると、日本とオーストリア、フィンランド、イタリア、オランダ、ポーランド、ロシア、英国に住む八人の便を調べたところ全員から〇・〇五〜〇・五㎜のマイクロプラスチックが検出されました。検出量は便一〇g当たり平均二〇個です。この結果は、あくまでも八人の便を調べただけの予備調査ですから、まだ確かなことはわかりません。しかし、私たちがマイクロプラスチックを食べてしまっているのは、間違いなさそうです。

一方、カナダのビクトリア大学の研究グループは二〇一九年六月、人間

人間がマイクロプラスチックをどれほど摂取しているのか、その予測量

Cox et al.（2019）Environmental Science & Technology, 53.

がマイクロプラスチックをどれほど摂取しているのか、その予測量を学術誌に発表しました。それによると、人は年間三万九〇〇〇〜五万二〇〇〇個のマイクロプラスチックを食物とともに摂取し、呼吸で吸い込む量を合わせると、その数は一年で七万四〇〇〇〜一二万一〇〇〇個になるそうです。さらに、水分をすべてペットボトルでとった場合は九万個のマイクロプラスチックを摂取することになりますが、水道水のみの場合は四〇〇〇個に抑えられるとのこと。

　マイクロプラスチック摂取量は、それまで報告されていたビールや塩、魚介類、砂糖、蜂蜜、ペットボトル水、水道水に含まれるマイクロプラスチック数を、平均的なアメリカ人の食事に関するデータをベースにして推計したものです。そのため、まだ調べられていない食べ物や、この研究を開始した時点で未発表だった食品のマイクロプラスチック数については含まれていません。そのため、この数値は過小評価の可能性が高いということです。

　また、水道水やペットボトル水のマイクロプラスチック数については、水道水は住んでいる地域によって、ペットボトル水は銘柄などによっても

**マイクロプラスチック摂取量**

　たとえば、プラスチック製ティーバッグ一袋から約一一六億個のマイクロプラスチックとそれより小さいナノプラスチックが約三一億個も紅茶の中に放出されたという研究報告（Q34参照）は、二〇一九年九月に発表されたものなので、この数には含まれていない。また、発泡スチロール製のトレイに乗った惣菜や、カップ麺などプラスチック容器に入った食品を常食している場合は、トレイや容器に付いていたマイクロプラスチックも一緒に食べている可能性があるが、それについてもカウントされていない。

**人の健康への影響に関するより多くの研究が必要**

　プラスチックを食べた鳥の健康が脅かされることは、オーストラリ

変わるでしょう。さらにいえば、個数ベースでの推計は、どの程度小さいサイズのマイクロプラスチックを検出できたのか、その検査法によっても大きく数が異なります。比較的大きなサイズのマイクロプラスチックのみをカウントした場合と、小さいサイズもカウントした場合とでは、数値の桁さえ変わってしまうのです。そのため、数値を鵜呑《うの》みにはできないものの、食べているマイクロプラスチックの数量は吸い込んでいるそれと似たような数だったという結果は、プラスチック汚染が海だけでなく陸上にも拡がっている証拠だといえます。

同じ頃、ＷＷＦ（世界自然保護基金）がオーストラリアのニューカッスル大学に委託した調査結果を発表しました。それによると、人は一週間に約五グラム（約二〇〇〇個）のマイクロプラスチックを摂取しているそうです。五グラムはクレジットカード一枚分に相当する量とのこと。内訳は、飲み水から摂取する分が最多で一七六九個、貝が一八二個、塩が一一個、ビールが一〇個でした。翌年、同報告が論文として発表されました。それによると、五グラムというのは最大値で、正確には一週間に〇・一から五グラムのプラスチックを食品から摂取する可能性があるということです。

---

アの研究者が指摘している。アカアシミズナギドリを調べた結果、プラスチックを多く取り込んでいる鳥は、血液中の中性脂肪が高く、カルシウムが減っていた。血液中のカルシウムが減ると、骨やくちばしが弱り、卵の殻が薄くなり、個体数の減少につながるそうだ。

**マイクロプラスチックと化学物質**

海洋プラスチック汚染研究の第一人者である高田秀重教授は、マイクロプラスチックはさまざまな有害化学物質の運び屋になっているため、生物や人間の健康に悪影響を与える可能性があることを指摘している。

このように研究結果にバラツキはありますが、私たちはマイクロプラスチックを体内に相当量取り込んでいることはもはや疑いようがなく、健康への影響が気になります。

ペットボトル水からのマイクロプラスチック検出が報告された頃、WHO（世界保健機関）が安全性の検証に乗り出しました。二〇一九年八月、WHOはマイクロプラスチックが混入した飲料水について、現状の検出レベルでは健康リスクは生じないとする見解を発表しました。ほとんどの粒子が体内で吸収されることなく排出されることがその理由です。しかし、プラスチック汚染がもたらす影響については、まだわかっていることが少ないため、今後さらなる研究を行う必要があるとしています。

小さい粒子が体内に残ることを指摘する研究も多くあります。たとえば、EFSA（欧州食品安全機関）によると、一五〇㎛より小さい粒子は腸のバリアを乗り越える可能性が高く、一・五㎛より小さい粒子はもっと奥にある各器官に到達する可能性があるそうです。BfR（ドイツ連邦リスク評価研究所）が人間の腸管上皮細胞で行った試験によると、最大で直径四㎛のプラスチック粒子は腸管上皮細胞から吸収される場合がありました。また、

---

**胎盤からマイクロプラスチックを検出**

イタリアの研究チームが二〇二〇年一二月、出産した女性の胎盤からマイクロプラスチックを発見したと発表した。六人の組織を調べたところ、うち四人から見つかった。胎児の健康への影響が懸念されている。

大半が便などとして体外に出て行くとしても、マイクロプラスチックを食べたり吸い込んだりすることで、プラスチックが血管やリンパ管に入り込み、発がん性や免疫機能の低下、神経変性疾患などが引き起こされる可能性も研究者により指摘されています。

現在、マイクロプラスチックが健康に与える影響についてわかっていることは多くありません。今のレベルでは、問題はまだ顕在化していませんが、今後も多くのプラスチックにさらされることによる危険性ははかり知れません。今後、人の健康への影響に関するより多くの研究が必要です。

いずれにせよ、体内に取り込むマイクロプラスチック量を減らす最善策は、プラスチックで包装された食べ物や飲み物をやめ、プラスチック製品の使用を減らすことでしょう。

プロブレムQ&A

# III

# 規制が必要な使い捨てプラスチックと代替品

# Q15 レジ袋はなぜ有料化する必要があったのですか？

**買い物時に商品を入れるレジ袋が有料になりました。日本の対応は海外に比べ遅かったですが、レジ袋の有料化や禁止が、なぜ世界中で行われているのですか？**

レジ袋を規制する動きは、プラスチックによる海洋汚染が話題になるよりずっと前から、日本でも海外でもありました。規制理由は国や地域ごとに異なります。二〇二〇年七月から開始された日本の有料化理由は、「プラスチック問題について考えるきっかけにするため」（小泉進次郎環境相）とのことです。つまり日本では、レジ袋有料化はこれから使い捨てプラスチックを減らしていくための最初の一歩という位置付けです。

## レジ袋の登場

レジ袋は、広島県の袋メーカーが梨狩りで使う竹カゴに代わる容器として一九六二年に開発したものです。竹カゴが触れると客のはいているス

---

**プラスチック汚染対策をレジ袋削減目的に**

日本で早くにレジ袋を規制しようとした自治体に、東京都杉並区や新潟県佐渡市、京都市などがある。杉並区では二〇〇二年三月、議会で「すぎなみ環境目的税」が可決。レジ袋を受け取る消費者は一枚につき五円支払うことが決まった。税は環境保全に関する施策に使われる。しかし、事業者や消費者の反対が強く、区が課税から単なる有料化に方針転換したこともあって、施行されないまま二〇〇八年六月に廃止された。

トッキングが伝線するため、伝線しないものがほしいという梨園からの依頼がきっかけだったそうです。以来、このプラスチック製の袋は、軽い上、水に濡れても破れないため、七〇年代にはスーパーでも使われるようになりました。

## 国内外のレジ袋規制理由

イタリアでは、五〇枚ものレジ袋を飲み込んだクジラの死体が海岸に打ち上げられたのを機に、一九八九年から有料化（課税）され、一時は使用量が減りました。しかし、その後また増加したため、二〇一一年からは生分解性プラスチック（Q19参照）で作られたレジ袋を除き配布が禁止されました。

欧州では、このように国ごとにレジ袋削減に取り組んでいますが、海洋環境の保護や循環型経済の実現に向けたプラスチック政策として、ＥＵ全体でも推進しています。二〇一五年には包装指令を改正し、加盟するすべての国が一九年末までに一人当たり年間使用量を九〇枚、二五年までに四〇枚へと段階的に削減するか、あるいは二〇一八年末までに有料化するこ

有料化に方針転換した区は同年四月、「杉並区レジ袋有料化等の取組の推進に関する条例」を施行。これにより、レジ袋有料化に踏み出すスーパーが現れたが、コンビニは有料化しなかった。

新潟県佐渡市では、島内全市町村が合併した二〇〇四年から「環境にやさしく美しい島づくり」を提唱。二〇〇七年四月から「レジ袋ゼロ運動」（有料化）を開始した。自主参加だったため、市が依頼していた約八〇〇店舗中、有料化に応じたのは一九五店舗のみ。しかし、有料化がレジ袋削減の有力な手段になることが確認できたため、二〇〇九年四月に市は「佐渡市レジ袋有料化等の取組の推進に関する条例」を施行した。「マイバッグ等持参率六〇％以上」を目標としていたため、コンビニも全店舗（九店）で二〇〇九年九

とを決めました。

アジアやアフリカでもレジ袋を規制する動きが早くから見られました。たとえば、バングラデシュでは二〇〇二年から、アフリカのルワンダでは二〇〇八年からレジ袋の使用を禁止しています。どちらも理由は捨てられたレジ袋が川をせき止め、洪水の原因になっていたことなどです。レジ袋が排水溝を詰まらせ、マラリアを媒介する蚊の温床になることを禁止理由の一つにあげる国もあります。

また、韓国と台湾は、二〇〇二年にレジ袋有料化を法制化しました。韓国は五〇ウォン（約五円）、台湾は一元（約三・五円）です。韓国は二〇一九年から大型スーパーやデパートなど大規模店での提供を禁止しています。韓国も台湾も段階的に規制を強め、二〇三〇年には全面的に使用を禁止する計画です（表4）。

日本では、スーパーがレジ袋を採用した七〇年代から、地域の消費者団体がごみ減量や資源の節約を目的として「買い物かご持参運動」を始めました。消費者団体によるレジ袋削減運動は徐々に活発化したものの、市民による啓発運動では効果が限定的だったので、次第に自治体も乗り出しま

---

月から有料化（一枚五円）を開始した。当時、西友がレジ袋を断ると二円キャッシュバックしていたが、辞退率は五〇%程度だったことから、六〇%以上を達成するには有料化がもっとも確実な手段だと考えられたためだろう。コンビニは有料化しにくいなどといわれていたが、有料化開始後わずか一〇カ月でコンビニのレジ袋辞退率は七七%に上った。

京都市では、市民団体が一部スーパーと結成した「レジ袋検討会」に、市が二〇〇六年に正式参加し、「京都市レジ袋有料化推進懇談会」が発足した。懇談会、市民団体、事業者、市の四者による自主協定の締結をめざした。二〇〇七年一月、イオンのジャスコ東山二条店が協定を締結し、一枚五円で有料化を開始。その後、少数ながらも有料化を開始するスーパーなどは見られたが、京都市

表４　海外のレジ袋規制

| 地域／国 | 政策 | 内容 |
|---|---|---|
| アフリカ | 禁止／課税・有料 | 南ア、2003年有料化。ルワンダ、2008年禁止。アフリカ54カ国中30カ国が規制対象に。うち24カ国が国内全域で禁止、３カ国は禁止または課税、３カ国が一部地域で条例制定 |
| EU | 禁止／課税・有料 | 2015年に包装指令を改正。有料化等により、使用量を2019年末までに1人当たり年間90枚、2025年末まで に同40枚にすることを求める |
| イタリア | 課税・有料→禁止 | 1989年より課税。2011年より非生分解性プラ袋は禁止。2018年より生分解性プラ袋に課税 |
| アイルランド | 課税・有料 | 2002年に世界で初めてプラ袋に対し消費者に課税 |
| フランス | 禁止 | 2016年に堆肥化できない使い捨て軽量プラ袋は禁止 |
| ギリシャ | 課税・有料 | 2018年に非生分解性の軽量プラ袋に対し 課税 |
| イギリス | 課税・有料 | ウェールズは2011年、北アイルランドは2013年、スコットランドは2014年、イングランドは2015年から課税・有料化 |
| ドイツ | 課税・有料→禁止 | 1991年の容器包装廃棄物令でEPRが義務付けられ、多くの店が有料化。小売連盟が2016年より有料化義務付け。2022年1月から法律で禁止 |
| オーストリア | 禁止 | 2020年以降、非生分解性のプラ袋は禁止 |
| 台湾 | 課税・有料→禁止 | 公立病院など公的機関では2002年7月から、スーパーやコンビニでは、2003年1月から有料化、2030年までに全廃 |
| 韓国 | 課税・有料→禁止 | 1994年から使い捨て用品使用規制、2002年に有料化の法制定、2019年から大型スーパーは禁止。2030年までに全廃 |
| 中国 | 課税・有料→禁止 | 2008年より有料化（0.025mm以下は禁止）。2020年末までに主要都市で禁止。2022年までにすべての市町で禁止 |
| オーストラリア | 禁止 | ニューサウスウェールズ州以外は既に薄いレジ袋は禁止。同州も禁止予定。2018年に「2025年までの包装の国家目標」を制定 |
| ニュージーランド | 禁止 | 2019年７月より0.07mm未満のレジ袋の提供を禁止。違反企業には最大10万NZドル（約700万円）の罰金を科す |
| アメリカ | 禁止／課税・有料 | 地域により異なる。ハワイ州、カリフォルニア州、ニューヨーク州などは禁止 |

出所：熊捕崇将「レジ袋削減政策の経済分析」『ソシオサイエンス』vol.16（2010年）、JETRO「地域・分析レポート」（2019.1.10）、ほか

した。自治体は、ごみ減量だけでなく、二〇〇〇年頃からは地球温暖化防止（二酸化炭素削減）も目的にかかげています。さらに二〇一八年以降は、川や海のプラスチック汚染対策をレジ袋削減目的に加える自治体も現れました。

## 日本が法律でレジ袋を規制するまでの経緯

二〇〇五年から〇六年にかけて、「容器包装リサイクル法」の改正が議論されました。そこではレジ袋有料化を義務にすることが検討されましたが、コンビニ業界と百貨店業界の強い反対で見送られました。しかし、小売り用途の容器包装を五〇トン以上使用する事業者には使用量などを報告する定期報告義務が課せられたため、二〇〇七年以降はレジ袋削減に協力的なスーパーが増えました。その結果、大手スーパーの有料化は進みましたが、コンビニなどは有料化しようとはしませんでした。

国は二〇一九年五月、「プラスチック資源循環戦略」（Q34参照）を策定し、その中にレジ袋有料化を目玉戦略として盛り込みました。この戦略が策定されたきっかけは、「はじめに」で記載した通り、一八年六月にカナダで

全域に有料化が広がるには至らなかった。

京都市で本格的に有料化協定が締結されたのは、二〇一五年になってからだ。二〇一五年三月、「新・京都市ごみ半減プラン」が策定され、食品スーパーのレジ袋有料化を市内全店舗に拡大することが盛り込まれた。同年一〇月、ごみ半減をめざす「しまつの心条例」（京都市廃棄物の減量及び適正処理等に関する条例）が施行され、一〇〇〇㎡以上の食品スーパーのレジ袋は協定により有料化が開始された。

これらの市は、自治体がレジ袋削減に積極的に関与する先駆けとなり、各地に影響を与えた。レジ袋有料化を最も早く広域で成功させたのは富山県だ。

富山県は、長年にわたりマイバッグ持参運動に取り組む消費者団体な

開かれたシャルルボワ・サミットです。一九年六月に大阪で開催されるG20サミットの議長国としての立場上、各国の前で海洋環境に取り組む姿勢をアピールする必要もありました。

二〇一九年末にようやく有料化開始日が二〇二〇年七月からと決定しました。五輪開催に間に合うぎりぎりのタイミングで日程が組まれたのは、有料化に難色を示す国内の事業者への配慮と、禁止や有料化が当たり前の海外からの訪問者に対し、日本の環境政策の後れを見せつけるわけにはいかないという政府の思惑がせめぎ合った結果だろうと思われます。

## レジ袋有料化の例外規定

法的規制によって、日本でもすべての小売店でレジ袋（持ち手のついたプラスチック製の買物袋）を無料で配ることが禁じられました。ただし、一円以上であれば店が値段を自由に決めてよいことになりました。

一方、一定の環境性能が認められるものは、無料で配布してもよいという「例外規定」が設けられました。例外規定は以下の三つです。

①厚さが〇・〇五ミリ以上の袋（くり返し使うことができるため）

---

どからの要請で、二〇〇七年に協議会（消費者団体等、事業者、行政）を設置。協議の結果、二〇〇八年四月から県内の主要スーパー、クリーニング店などで有料化を実施した。この規模での一斉有料化は日本では初めてだったため、大きな話題を呼んだ。

その後、山梨県（二〇〇八年六月）、沖縄県（同年一〇月）でも有料化を開始、二〇〇九年に入ってからは、和歌山県（一月）、青森県（二月）、山口県（四月）、福島県（六月）、大分県（六月）などでも、主要スーパー等で有料化が開始された。北海道や宮城県、山形県、岐阜県、愛知県、三重県などは、市町村単位で順次事業者と協定を締結し、道県内ほぼ全域の主要スーパーに有料化を広げていった。また、県の関与なく、単独で有料化に踏み切った市町村も多い。

京都府亀岡市は二〇二〇年三月、

②海洋生分解性プラスチックを一〇〇％配合した袋（海ごみになりにくいため）
③植物など生物由来のバイオマス素材を二五％以上配合したバイオマスプラスチックの袋（地球温暖化への影響が少ないため）

しかし、国連環境計画は日本の有料化開始に先立ち「使い捨てレジ袋とその代替品」という報告書を公表しています。それによると、生分解性プラスチック（Q19参照）などの袋は、地球温暖化などの面で弊害《へいがい》が大きく、環境負荷の軽減効果が低いというのです。デンプンなどから作られたものは、ごみ処分場に埋め立てると温室効果の高いメタンガスを発生することなどがその理由です。厚めのレジ袋についても、「同じ素材で重量が二倍のレジ袋は、環境へのインパクトも二倍だ」と警告しています。日本のレジ袋例外規定を直接批判したものではありませんが、安易に代替品を進めることに注意を呼びかけるものでした。

例外規定を利用して無料配布を継続する企業は一部に見られましたが、おおむね有料化は順調に開始されました。有料化が始まってからコンビニなどでは七割以上の人がレジ袋を断るようになったとのことで、有料化の

---

日本で始めてレジ袋禁止条例を制定。二〇二一年一月一日から施行した。

条例の有無に関わらず、レジ袋を一枚五円以上で有料化した店舗では、レジ袋辞退率が八割を超えるなど、高い削減効果が認められる。しかし、条例を制定せず、事業者の自主的な参加による協定のみで有料化に踏み切った地域の一部では、有料化開始後にまた無料に戻す店が現れるなど、足並みの乱れが見られた。協定に参加しない店に客足が流れたと考えられたためだ。売上減少を心配した小売事業者が、最初から自治体が作った協議会に参加しないケースも多く、協定そのものが成立しなかった地域も多い。

成果はあったといえるでしょう。他方で、例外規定のせいで、本来の主旨であったはずの「使い捨てプラスチック削減」がぼやけてしまい、何のための有料化かわかりにくくなったことは確かです。

## レジ袋の環境負荷

近年、レジ袋については、これまで考えられていた以上に環境負荷の高いことが判明しています。たとえば、沿岸部でよく見られるエビに似た甲殻類の一種は、一枚のレジ袋を一七五万個ものマイクロプラスチックにすることが、イギリスのプリマス大学の海洋観測所の実験でわかりました。たった一枚のレジ袋が、紫外線や波の影響だけでなく、生物によっても、膨大な量の破片になって海や陸を汚染するということです。

また、ハワイ大学の研究では、レジ袋などに使われるポリエチレンは、劣化すると強力な温室効果ガスであるメタンやエチレンを多く放出することも判明しています。メタンガスは、二酸化炭素の二五倍以上も温室効果が高いといわれており、環境中に出てしまったレジ袋は私たちが気付かないうちに地球温暖化を促進していたのです。

量的にはプラごみ全体の二〜三%程度しかないレジ袋ですが、風で飛ばされ、知らないうちに環境中に漏れ出してしまうことも多いので、レジ袋を削減したことによる生態系への影響はもっと大きいかもしれません。もし、今後またレジ袋辞退率が下がるようなことになれば、レジ袋の値段を全国で統一して引き上げることも検討すべきでしょう。

## Q16 なぜプラスチック製ストローを使ってはいけないの？

鼻にストローが突き刺さったウミガメの映像を見ました。ウミガメが可哀相で、ストローをやめるべきだと思いました。一般に浸透しているのでしょうか？

二〇一八年以降、プラスチック製ストローを廃止するレストランやカフェが増えています。廃止が増えたきっかけは、世界中に拡散されたウミガメの痛ましい映像でした。ウミガメの鼻からストローを抜き取る映像は衝撃的で、血を流した痛々しい様子に、二度とストローを使うまいと決めた人も多いでしょう。こうした被害はウミガメにとどまりません。ペンギンなどにもストローを誤飲し、胃に穴が開いて死亡する例があります。

プラ製ストローの不使用の背景には、中国へ廃プラを輸出できなくなったため（Q30参照）、廃プラ処理にお金がかかるようになったこともあります。ストローは洗って単独で回収するならばリサイクルできますが、たいていは汚れたまま集められます。また、材質の異なる使い捨てカップやフタなどと混ざって回収されることも多いため、リサイクルは難しく、燃やすか埋め立てることになります。このようなリサイクルできない製品は、欧州がめざす循環型経済（サーキュラー・エコノミー、Q32参照）にも逆行します。

しかもストローは、なくてもそれ程困らず、もし困れば紙製など代替品もあります。使用をやめることで、企業は消費者にたいし環境に配慮していることをアピールできます。また、国や自治体からみれば、使い捨てのコップやフォーク、ナイフなどに市民の目が向くきっかけにもなるでしょう。つまり、プラスチック製ストローをやめない理由は少ないということです。

二〇一八年七月、スターバックスは二〇二〇年末までに全世界の店舗で使い捨てのプラ製ストローを全廃すると発表しました。日本の店舗でも二〇二〇年一月から段階的にFSC認証紙のストローを導入します。マクドナルドも二〇一九年にイギリスとアイルランドの店舗で紙製に切り替え、世界全体では二〇二五年までに切替を完了させる予定です。すかいらーくグループやデニーズ、大戸屋など日本の企業もあとに続き、プラ製ストローの廃止を発表しています。

台湾は、二〇三〇年までにプラ製ストローの使用を全面的に禁止すると発表しています。大手飲食店では二〇一九年から禁止されました。二〇二〇年にはすべての飲食店で提供が禁止されます。中国政府も、二〇二〇年末までに全国の飲食店でプラ製ストローを使用禁止にすると発表しました。EUも二〇二一年までにはプラ製ストローを禁止します（Q34参照）。

アメリカでは地域ごとに取り組みが異なり、たとえばカリフォルニア州では二〇一九年一月から、フルサービス方式（従業員が客席で注文を取り、料理を客席まで運ぶ方式）のレストランでのプラ製ストローの提供を原則禁止にしました。プラ製ストローの規制は、同州のマリブ市やワシントン州のシアトル市で既に実施されていましたが、州政府が規制するのはカリフォルニア州が全米で初めてです。

金属製ストローに変更するため、寄付を募るハワイ州のカフェ（二〇一九年）

## Q17 ストローよりペットボトルの方が街で目立つけど？

**「脱プラ」というならばペットボトルも減らすべきだと思いますが、減っている様子はありません。ペットボトルは役立つので、減らす必要はないのですか？**

ペットボトルは便利なものですが、私たちはあまりにも気軽に使い過ぎてしまいました。プラスチックによる環境汚染防止の見地からも地球温暖化防止の見地からも、ペットボトルは早急に減らす必要があります。とはいっても、全面禁止などというのはあまり現実的ではないので、必要性の低いケースでの使用は早急になくし、どうしても使う分はデポジット制度（Q21参照）などで完全に回収すべきではないでしょうか。各国の脱プラのうねりもその方向で進んでいます。

たとえば、インド・マハラシュトラ州は二〇〇ミリリットル未満のペットボトルを禁止しました。販売される分は生産者責任によるデポジット制度で回収されます。

デポジット制度でペットボトル回収

マハラシュトラ州（州都ムンバイ）はプラスチック製品禁止の州法により、プラスチック製のレジ袋やストロー、使い捨て食器などを禁止している。禁止が発表された二〇一八年三月時点では、五〇〇ミリリットル以下のすべてのペットボトルを禁止するとされていたが、五〇〇ミリリットル未満に緩和され、同年六月に禁止法が施行された。しかし一週間後、ペットボトルは二〇〇ミリリットル未満の禁止に変更された。だが、航空会社などはそれまで配っていた

また、フランスでは二〇三〇年までにペットボトルなどプラスチック製飲料ボトルを五〇％削減する目標の設定と、二〇二二年から公共施設に冷水器の設置が義務付けられました（Q34参照）。デポジット制度導入の議論も進められています。また、食品大手のダノンは、ミネラルウォーターのブランドであるエビアンを保有する会社ですが、二〇一九年末に二〇〇ミリリットルのミニボトルの製造中止を発表しました。プラスチックの無駄であるとして、フランスで「小瓶やめろ」の署名運動が起きたことが理由です。ただし、日本でエビアンを輸入・販売する伊藤園・伊藤忠ミネラルウォーターズは、二二〇ミリリットルのペットボトルを売り続けています。

日本の場合、二〇一八年度のペットボトル販売本数は二五二億本（PETボトルリサイクル推進協議会）に達しました。「脱プラ」といいながらも、ペットボトルの販売本数は二〇一七年度（二三六億本）に比べ、約七％も増加しています。しかし、歩みは遅いものの、日本でも「脱プラ」の流れは少しずつペットボトルに及んでいます。

たとえば、神奈川県鎌倉市では、二〇一八年一〇月、「かまくらプラごみゼロ宣言」を発表し、ペットボトル飲料を会議等で使用しないように徹

---

二〇〇ミリリットルのペットボトルの機内配布を廃止している。

**ペットボトルの販売本数**

二〇一八年のペットボトル増加理由は、ペットボトル入りコーヒーが人気を博し、飲料メーカー各社がコーヒー容器に五〇〇ミリリットルペットボトルを採用したことなどだ。それ以前からも清涼飲料の容器分野では、ペットボトルの一人勝ち状態が長期にわたり継続している。

図4　清涼飲料水の容器(缶・びん・PETボトル)別生産量の推移(単位:千kℓ)

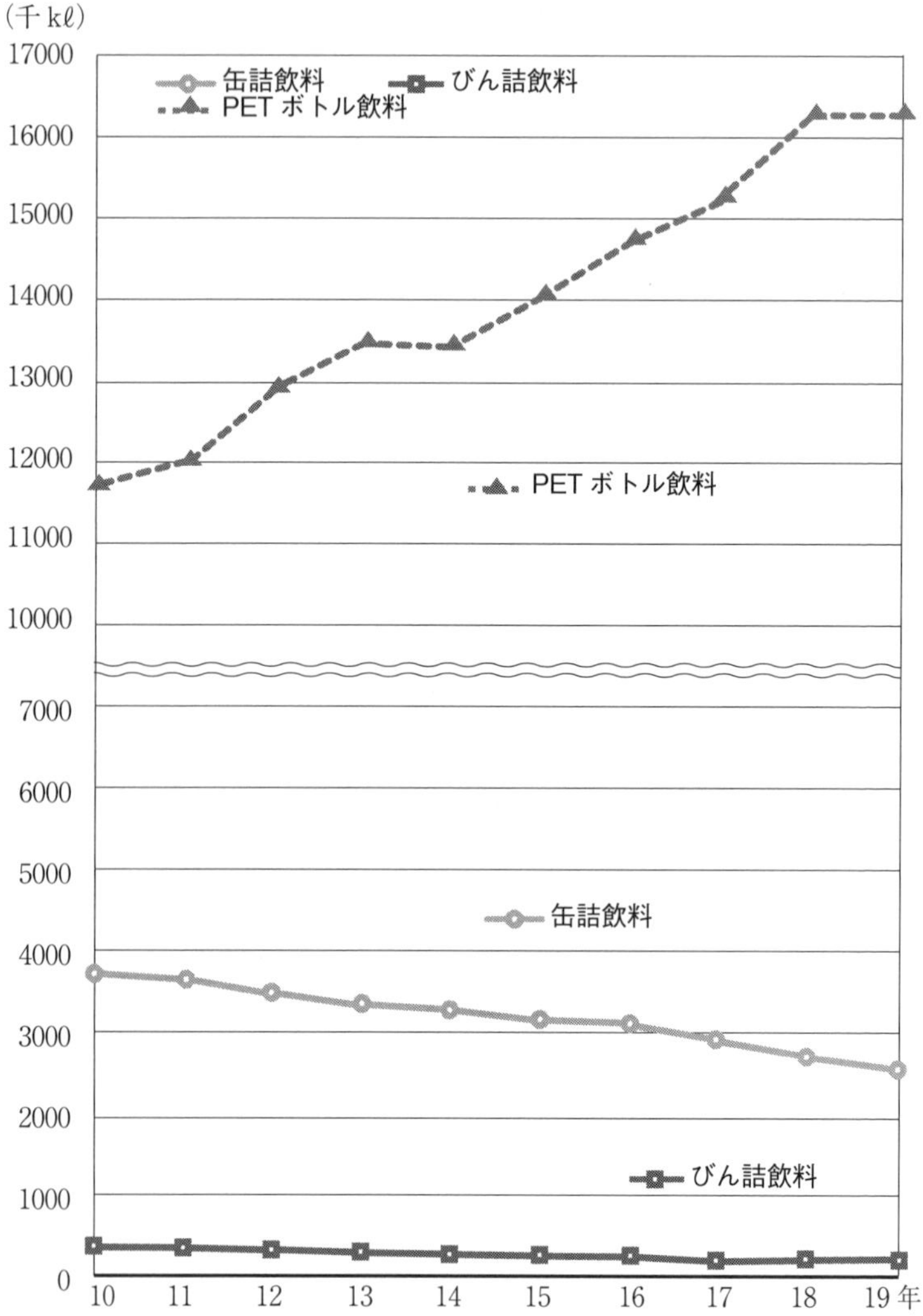


出所：全国清涼飲料連合「容器別生産量推移」より一部抜粋

底しました。さらに庁舎の自動販売機（自販機）や他の市関連施設の自販機からもペットボトルを撤去しました。市役所を訪れた市民は一階に置かれた無料の給茶機で、備え付けの湯飲み茶碗を使いお茶を自由に飲めます。庁舎の売店にもペットボトル飲料は置かず、近くにマイカップ対応の自販機を設置しました（写真）。自販機は、マイカップを使用すると紙コップを使うよりも一〇円安く飲める設定です。

また、京都府亀岡市は二〇一八年一二月、「かめおかプラスチックごみゼロ宣言」を発表。二〇三〇年までに使い捨てプラごみをゼロとする目標を掲げ、会議でのペットボトル飲料の提供を取りやめました。

埼玉県所沢市や越谷市、大阪府・大阪市、東京都、三重県なども「脱ペットボトル」の動きを鮮明にしています。プラごみ削減宣言やプラスチック・スマート宣言で、会議でのペットボトル提供の廃止や使用の自粛を打ち出しました。

また、さいたま市や所沢市のように、公共施設内にマイボトル専用のウォーターサーバーを設置し、誰でも無料で水筒に水を補給できるようにした自治体も多くあります。また、京都市ではＧＰＳを活用した「マイボト

マイカップ対応の自動販売機（鎌倉市役所にて撮影）

ル推奨店・給水スポット情報マップ」を公開しています。タンブラーや水筒を利用できる店や、マイボトルに給水できる給水スポットまでの行き方が検索できます。このような自治体による脱ペットボトル化の取組は具体的で、急速に広がっています。

企業の「脱ペットボトル」も加速しています。たとえば、積水ハウスは社内会議でのペットボトル使用を禁止しました。社内の自販機からもペットボトルをなくした結果、社内でのペットボトル使用量を前年比で七割（約三七万本）削減したそうです。富士通も、国内拠点の自販機でのペットボトル販売を中止し、他の容器に入れ替えました。自動車部品大手の住友理工も、名古屋市内の本社ビルの自販機からペットボトルを撤去しました。二〇三〇年までに生産現場も含め、国内の住友理工グループのすべての拠点に拡大する方針です。ソニーは会議室や応接室でのペットボトルの提供を止め、象印マホービンやタイガー魔法瓶は社内でのペットボトル使用をゼロにします。このようなペットボトル削減の動きは、海外の投資家を気にする大手企業を中心に、今後増えるでしょう。

日本で一リットル未満のペットボトル入り飲料の販売が解禁されたのは

一九九六年のことです。そうであれば、一リットル未満のペットボトルを規制するのはそれほど難しいことではないはずです。

日本でも海外でも、日常生活に深く入り込んでいるペットボトルを今すぐに禁止するのはかなり厳しいことは確かでしょう。なくなってもさほど困らない小型を中心に法律で規制し、使う必要のある分は缶やビンと一緒にデポジット制度などによって一〇〇％の回収を目指すことが、今最も現実的な選択肢ではないかと思われます。

## Q18 ペットボトルは安心安全ですか？

**ペットボトルは、健康に影響はないですか？　身体にやさしい容器ですか？　また、地球環境にはどんな影響があるのでしょうか？**

ペットボトルの利便性については誰もが認めるところです。しかし、安全面と環境面では各方面から疑問が投げかけられています。

たとえば、東京農工大学の高田秀重教授たちによると世界一九カ国で購入したミネラルウォーター用ペットボトル一〇七本のうち四五本（一三カ国）のキャップからノニルフェノールが検出されました。酸化防止剤や剥《は》離《り》剤などの添加剤として加えられていたものと考えられるそうです。日本のミネラルウォーター用のキャップからは検出されませんでしたが、日本の炭酸飲料用のキャップからは検出されました。

ノニルフェノールは生殖能力などに影響を及ぼす内分泌攪乱物質《ないぶんぴつかくらん》（環境ホルモン、Q8参照）で、環境省のメダカを用いた実験でもオスのメダカを

---

ペットボトルのキャップから環境ホルモンが溶出

高田秀重ほか（二〇一四）「プラスチックが媒介する有害化学物質の海洋生物への暴露と移行」『海洋生物』三六巻六号

メス化させた（精巣に卵を作らせた）ことで知られています。また高田教授は、ＥＵの化学品管理規則であるＲＥＡＣＨで規制されているベンゾトリアゾール系の紫外線吸収剤を、国産ペットボトル飲料のキャップの約半数から検出したことも発表しています。この紫外線吸収剤は、プラごみを食べた海鳥からも検出されています。

この他、国内で販売されているペットボトル飲料からの溶出が報告されている有害物質に、フタル酸エステル類やアンチモン、ホルムアルデヒドなどがあります。フタル酸エステル類は生殖毒性が指摘されている化学物質で、多くの国で子ども向け製品への使用は厳しく規制されています。日本でも乳幼児が口にする可能性のある玩具や育児用品への使用は禁じられています。さらに欧州は二〇一九年七月から、四種類のフタル酸エステル類の電気・電子機器への使用も禁じました。また、アンチモンは重合過程で触媒として使用される重金属で、発がん性が報告されています。

環境面では、ペットボトルが至るところに散乱していることが最大の問題でしょう。一般社団法人ＪＥＡＮの二〇一八年のデータによると、国際海岸クリーンアップ（International Coastal Cleanup：ＩＣＣ）の期間中（九

ペットボトルは最も目立つ散乱ごみ

月・一〇月）に実施された北海道から沖縄まで四三三会場の清掃活動で、ペットボトルは破片類を除き最も多く拾われたごみでした。ＪＥＡＮは、アメリカの環境ＮＧＯ「オーシャン・コンサーバンシー」の呼びかけに応えて、一九九〇年から日本各地で行われるクリーンアップのＩＣＣのデータを取りまとめています。また、二〇年以上前から荒川でごみを数えながら拾っているＮＰＯ法人荒川クリーンエイド・フォーラムは、ペットボトルが二〇〇九年以降に荒川で一番多く拾われたごみだと報告しています。

　これらはやがて無数のマイクロプラスチックとなり、化学物質の吸着・脱着を繰り返しながら地球全体に拡散すると考えられます。そのうちの何割かは、生物に取り込まれたり、排出されたりを繰り返すのでしょう。千年後も形を留めたまま深海に埋もれているものもあるかもしれません。

　また、プラスチック製キャップの散乱による被害も数多く報告されています。キャップは水に浮き、多くの生物が飲み込みやすいサイズです。海鳥もキャップをエサと間違えて飲み込んでいます。そのためＥＵでは、二〇二四年七月までに使用時もキャップがボトルから外れないように設計変更しなければ、販売できないと定めています。

---

### ペットボトルに入っていた飲料水からＰＥＴ樹脂などのマイクロプラスチックを検出

　ニューヨーク州立大学フリードニア校の研究者らは二〇一八年、ペットボトル飲料水に含まれるマイクロプラスチックを検査した。その結果、九カ国二五九本のペットボトル水の二四二本（九三％）からポリプロピレンやナイロン、ＰＥＴなどのマイクロプラスチックが見つかった。〇・一㎜を超えるものは一リットルあたり一〇個ほどで、それ以下のサイズのものも合わせると三二五個であった。調べたペットボトル水は、アメリカ、ブラジル、中国、インドネシア、インド、ケニア、レバノン、メキシコ、タイで販売されていた一一の主要な国際ブランドだ。

　ミネソタ大学の研究者らは同年、一リットル当たり三・五七個のマイ

ボトル本体は単一の樹脂から作られているため、適切に回収すればリサイクルしやすいという長所があります。しかし現在、ペットボトルは繊維や卵パック、トレイなどにリサイクルされているものが多く、ボトルにまた戻っている「ボトル　ツー　ボトル」は約二六％（二〇一八年）しかありません。

ポリエステル製の衣類が人気で、各国で着られています。回収したペットボトルからも作ることができます。しかし、いかにリサイクルポリエステルを使った「環境にやさしい」衣類であろうと、脱ぎ着したり、洗濯したりするたびに、ちぎれた繊維が大気や水環境中に放出されます。そのため、地球上至る所からポリエチレンテレフタレート（ＰＥＴ）が見つかっています。

英ニューカッスル大学の研究グループが二〇一四年、マリアナ海溝で新種のオキソコエビを発見しました。そのうちの一匹の幼生の消化管から繊維状のＰＥＴ樹脂が見つかりました。水深六〇〇〇メートルを超える地点に棲む深海生物の体内、しかも赤ちゃん（幼生）の体の中にまでＰＥＴ樹脂が入り込んでいたのです。

---

クロプラスチックをペットボトル水から検出したと報告している。

また、ドイツ連邦リスク評価研究所（ＢｆＲ）の「よくある質問」（二〇一九年六月五日）によると、一リットルあたり最大二五〇個のプラスチック粒子がボトル水、主に再利用可能なボトルで検出されたとのこと。検出方法等がまだ統一されておらず、結果に大きなバラツキがある。

先述の高田教授によると、日本でも、東京湾海底や皇居桜田壕の泥の中からＰＥＴ樹脂が見つかっています。また、最近では千葉工業大学の亀田豊准教授らが日本の水道水の中からＰＥＴ樹脂を検出しました。原因として、取水した河川の水や水道管の汚染が考えられるそうです。

もちろん、ＰＥＴはペットボトルの他にもフリースなどの繊維やその他いろいろな用途に使われているため、地球上に拡散しているＰＥＴ樹脂の多くはペットボトル由来というわけではありません。ペットボトルはＰＥＴ発生源の一部に過ぎませんが、日本でも海外でも散乱が目立つことは確かです。

ペットボトルの散乱について議論すると必ず「悪いのはペットボトルではなく、捨てる人だ」と主張する人がいます。一見本当らしく聞こえますが、散在性の高い（ポイ捨てされやすい）飲料容器にプラスチックを採用し、年に何億本も販売して利益を得ているメーカーに、回収責任がないはずはありません。その責任を企業ではなく、自治体に負わせている日本の政策の後進性は理解に苦しみます。拡大生産者責任（Q28参照）により、回収にかかる費用は税金ではなく、生産者が負担すべきです。

## Q19 生分解性プラスチックって何？ バイオプラスチックって何？

**生分解性プラスチックとは何ですか？ 本当に分解するのですか？ 生分解性プラスチックとバイオプラスチック、バイオマスプラスチックの違いは何ですか？**

日本バイオプラスチック協会によると、生分解性プラスチックとは「使用中は通常のプラスチックと同じように使えて、使用後は微生物の働きによって最終的には水と二酸化炭素に分解され、自然に還るプラスチック」のことです。同協会では、一定の条件下において所定の期間内に六割以上が分解するものに認証を与えています。

しかし、現在、多くの国で実用化が進んでいる生分解性プラスチックの大半は、野外で自然には分解しません。産業用の堆肥化施設のような微生物が活躍できる条件、つまり温度や湿度、酸素などが適度にそなわった場所でのみ分解します。

産業用の堆肥化施設では、加温したり、水分を補給したりしながら適度

富士山頂の大気中のマイクロプラスチックから生分解性プラスチックの破片が見つかった

大河内博ほか「空飛ぶマイクロプラスチックを富士山頂で捕まえる」『NPO法人富士山測候所を活用する会「第一三回成果報告会」プログラム』（二〇二〇年）https://npofuji3776.org/document/20200314_no13_annual/seika2019_o01.pdf

に土を切り返し、温度や湿度を保ちます。そのような条件がそろわない自然界での分解は期待できません。まして微生物が少なく、温度も低い海に流れ込めば分解は難しく、やがてマイクロプラスチックになります。

フィリピンでクジラのお腹の中から生分解性と書かれたレジ袋が見つかったり、富士山頂の大気中のマイクロプラスチックから生分解性プラスチックの破片が見つかったりするのはそのためです。

しかし、海でも分解するように作られた海洋生分解性プラスチックも、最近少しですが出回ってきました。たとえば、カネカの生分解性ポリマーPHBHは、海水中で生分解する認証「OK Biodegradable MARINE」を取得しており、摂氏三〇度の海水中で六カ月以内に九〇％以上が微生物の働きにより分解されることという認証基準をクリアしています。

とはいえ、海水温がいつも三〇度もあるとは限りませ

図5　バイオプラスチック

**バイオプラスチックの略称**

| | |
|---|---|
| PA ポリアミド | PBS ポリブチレンサクシネート |
| PBAT ポリブチレンアジペートテレフタレート | PC ポリカーボネート |
| PE ポリエチレン | PET ポリエチレンテレフタレート |
| PEF ポリエチレンフラノエート | PHA ポリヒドロキシアルカノエート |
| PLA ポリ乳酸 | PP ポリプロピレン |
| PTT ポリトリメチレンテレフタレート | PU ポリウレタン |

出所：バイオプラスチック導入ロードマップ環境省検討会参考資料「バイオプラスチックを取り巻く国内外の状況」（2020 年）　http://www.env.go.jp/recycle/ref072830_1.pdf

ん。たとえば、京都府の海では、表面の最低水温は三月で約一〇度、最高水温は八月で約三〇度程度とのことです。日本近海では三〇度より低い水温の期間の方がはるかに長いのです。しかも、プラスチックがいつも浮いているとは限りません。浮遊するマイクロプラスチックは、一定の時間が経つと沈むと考えられています。酸素が乏しい上、低温の海底まで沈んだ場合、いかに海洋生分解性プラスチックといえども、速やかな分解は困難でしょう。

生分解性プラスチックはまだまだ発展途上の技術です。将来的にはおおいに期待したいものです。しかし、現状では自然界での分解が容易ではないにも関わらず、誤解して、ポイ捨てする人が増えるのではないかということが心配です。

今後もし、生分解性プラスチックを普及させるのであれば、まず専用のリサイクル施設が必要です。とはいえ、生分解性プラスチックは、見た目はほかのプラスチックと同じなので、通常のプラごみの資源回収に間違えて出してしまう人が多そうです。しかし、生分解性プラスチックが一般的なプラスチックの材料リサイクル（マテリアルリサイクル）の工程に混入した場合、再生品の品質に問題が生じる可能性があります。

　もう一つ紛らわしいことは、植物などバイオマスから作られるバイオマスプラスチックがすべて生分解性プラスチックだとは限らないということです（図5）。バイオマスプラスチックの約半分は分解しないプラスチックであり、石油からできたプラスチックと同じようにマイクロプラスチック化します。成長過程で二酸化炭素を吸収する植物などでプラスチックを作るならば、温暖化防止に役立つと考えられているので、分解しては困る製品にもバイオマスプラスチックが使われているためです。

　また、生分解性プラスチックが必ずしもバイオマスで作られているわけではないことにも注意が必要です。石油から作られた生分解性プラスチックもあります。「バイオプラスチック」というのは、生分解性プラスチックとバイオマスプラスチックの総称ですが、生分解性プラスチックとバイオマスプラスチックは、全く別の概念なのです。

　さらに紛らわしいのは、バイオマスから作られたプラスチックが製品に二五％以上含まれていれば、残りがすべて石油べースのプラスチックであっても「バイオマスプラスチック」と呼んでも構わないということです。

---

**バイオマスプラスチック**
　日本バイオプラスチック協会のバイオマスプラ識別表示は、原料や製品の重量のうち二五％以上がバイオマス由来であることがおもな基準となっている。条件を満たした製品には認証マークを付けることができる。
　「酸化型分解性プラスチック」（オキソ分解性プラスチック）と呼ばれる非常に紛らわしいプラスチックもある。これは、ポリエチレンやポリプロピレンなど本来生分解性のないプラスチックに、分解を促進する添加剤を加えたものだ。添加剤の作用で、数カ月程度でバラバラにはなるが、生分解するわけではないため、日本バイオプラスチック協会はこれを「生分解性プラスチック」とは認めていない。EUでも二〇二一年までに禁止される。マイクロプラスチック化しやすいという点で環境負荷

また、たとえバイオマスだとしても、原料が食品と競合することも心配です。それを避けるため、トウモロコシの茎や食べない海藻、あるいは廃棄物のような非食品系の原料を使う必要があります。さらに、遺伝子を組み換えた原料である可能性もあります。遺伝子組み換え作物は、周辺環境や生物への影響が懸念されており、現段階では安全性の確認が不十分です。

今後もし、理想的な生分解性プラスチックが開発され、専用のリサイクル施設も完成し、他のプラスチックに混入しないようなわかりやすい表示と消費者教育もおこなわれ、原料についての諸条件もすべてクリアするバイオマス資源が確保できたとしても、それで使い捨てのものを作り、どしどし使い捨てて良いわけではありません。資源を調達し、製品化するまでには必ずエネルギーや水、添加剤などが必要だからです。

人間はこれまでいくつもの環境問題を解決してきました。しかし、それ以上に次々と新しい環境問題を生み出し、プラスチック汚染や地球温暖化などを発生させてしまっていることを、心にとめておく必要があるでしょう。

が高いと考えられるため、日本でも禁止する必要がある。

## Q20 プラスチックの代替品がいろいろ出ています。どれがよいでしょうか？

**プラ製容器は便利だしたくさん使われていて、それをすべて代替品に替えるのは難しいと思います。他に減らす方法はありませんか？**

最近は驚くほど多彩なプラスチックの代替品が売られています。中には、かえって環境悪化を招きそうなものまで環境にやさしい新素材と喧伝されています。木材を利用した昔ながらの経木《きょうぎ》や、藁《わら》やパスタで作ったストロー、古紙で作ったペーパーモールドなどは比較的問題はないと思われますが、あまり代替品に頼るのは危険です。善し悪しの基準をどこに置くかによっても評価は変わりますが、たとえ良いものであっても、使い過ぎは禁物です。

容器包装は販売方法を工夫すれば減らすことのできるアイテムです。たとえば、自分で容器を持参して購入したり、繰り返し使えるリユース容器に入れた商品を購入する方法があります。どちらも、包装材を使い捨てず

**ＬＯＯＰ（ループ）**

二〇一九年一月、スイスで開催された世界経済フォーラムで「ＬＯＯＰ」という循環型の買い物システムが発表された。アメリカのリサイクル会社であるテラ・サイクルが運営する。ＬＯＯＰは、食品や洗剤などをステンレスやガラスビンなど耐久性のあるパッケージに入れて販売し、使用後に容器を回収・洗浄し、再び商品を詰めて販売するシステムだ。参加する消費者は、購入時に容器のデポジット（保証金）を払って製品を

に済み、ごみが出ません。

リユース容器を使った販売方法にＬＯＯＰ（ループ）と呼ばれるシステムがあります。購入時にあらかじめデポジット（保証金）を支払い、容器返却時にデポジットが返金されるシステムです。容器は専門の施設で洗われ、中身を充塡《じゅうてん》した後、再度販売されます。

欧米では量り売りコーナーを設けたスーパーが増えています。日本ではまだ一部の専門店などでしか採用されていませんが、シャンプーやシリアル、ナッツ類などが量り売りされています（次ページ写真）。

チリでは、リユース容器でコメや豆、洗剤などを必要量だけ購入できる自動販売機が人気です。この自動販売機を搭載した移動販売車が、定期的に市内をまわり、利用者は必要な量を容器代分だけ安く買うことができます。

通常の商品は容器代がかかるため、容量の大きい商品ほど割安で購入できますが、容量の少ない商品は容器代がかさみます。そのため、中身の量に大きな差があるにも関わらず、販売価格があまり違わない商品も少なくありません。消費者は容量の大きい「割安」な商品を買ってしまい勝ちで

---

購入する。使用後、容器を返却するとデポジットは戻ってくる。二〇一九年五月から、米ニューヨークや仏パリで開始された。英ロンドンでは二〇二〇年七月から開始。日本では関東エリアで二〇二一年三月（予定）に開始し、そのあと他地域へも広げる計画だ。

ネットで商品を注文すると、専用トートバッグに入った商品が届く。使用後は容器をトートバッグに入れて返却する。日本でＬＯＯＰへの参画を表明しているメーカーは、味の素、大塚製薬、キッコーマン、キヤノン、キリンビール、江崎グリコ、資生堂、ユニ・チャーム、ロッテなど。イオンは小売業として唯一参加し、都内の一部店舗でＬＯＯＰ商品を販売する。徐々に全国の店舗へ広げるそうだ。

すが、使い切れずに捨てることさえあります。量り売りで中身を必要量だけ購入できれば、このような無駄を省くことができます。

どうしても、使い捨て容器に入ったものを買う必要のある場合は、その原料がリサイクル品か、または使用後にリユースかリサイクルできるものを選ぶのがよいでしょう。たとえば、再生紙でできた無着色のパルプモールド製の卵パックであれば、古紙から作られ、かつリサイクルも可能です。コピー用紙や新聞用紙などには再生しにくい質の低い古紙でも、モールドにならば再生できます。

とはいえ、どんなものでも過剰に使えば必ず弊害は出ます。できるだけ減らす工夫をした上で、どうしても使い捨てる必要のあるもののみ代替品を使用するという方向に舵を切る必要があります。また、代替品であるかどうかに関わらず、使い捨てのものは回収努力を怠るべきではありません。その回収手段の有力な候補にデポジット制度（Q21参照）があります。

容器持参で好きな量だけ購入できる量り売りの店（川崎市内の店舗にて撮影）。

プロブレムQ&A

# Ⅳ デポジット制度

## Q21 デポジット制度って何ですか？　どのような効果がありますか？

**海外では、飲料容器の回収にデポジット制度を導入する国が増えていると聞きました。どういう制度ですか？　なぜ今注目されているのでしょうか？**

デポジット制度とは、「デポジット・リファンド制度」の略です。消費者は物を買うときに代金に上乗せしてデポジット（保証金）を支払います。このデポジットは、あらかじめ定められていた条件を満たしたときに、返金（リファンド）される仕組みです。

たとえば飲料容器のデポジット制度では、消費者が飲み物を購入する際、販売価格にデポジットをいくらか上乗せして支払います。飲み終わったあとで容器を返却すると、デポジットの一部あるいは全額が返されます。このやり方は、「預り金上乗せ制度」とも呼ばれます。デポジットとリファンドの金額は、欧州では飲料容器一個当たり二〇円から三〇円程度に設定している国が多く、北米では五円から一〇円程度と比較的低めに設定され

デポジットとリファンドの金額

デポジット制度は国や地域ごとにルールが違い、必ずしもデポジットとリファンドが同額とは限らない。政府が制度を運営する場合は、デポジットの一部を他の環境政策に使ったり、制度運営費に充てたりするため、デポジットの一部を返金しないケースもある。たとえば、カナダ・ノバスコシア州では、リユースびんのデポジット・リファンド額はどちらも一〇セントだが、使い捨て容器入り飲料はデポジットが一〇セント、

ています。

飲み物の容器は、飲めば要らなくなり、捨てられて散乱しがちです。容器のポイ捨てというと、親のしつけが悪い、学校の教育が悪い、などという話になりがちです。しかし、悪いと知らずに捨てるのではなく、知っていて捨てる人の方が多いことは、一九八二年に「暮しの手帖社」が行った調査によっても示されています。

ではポイ捨てを罰したり、罰金を取ることにしたらよいか、というとそうではありません。飲料容器のような使用者の多いもののポイ捨てを常時監視して罰するのは、現実的ではないからです。それよりは、使用者がポイ捨てせずに、決められた場所で処分することを促す方が効果的です。そのためには、ポイ捨て行為を非難するよりも、消費者が決められた場所に空いた容器を戻す動機となるよう、インセンティブ（お礼やご褒美《ほうび》）を用意することが必要です。

しかし、インセンティブを用意するには元手（原資）が必要です。デポジット制度は、この問題を解決するシステムです。デポジットは消費者に容器の返却を促す動機として働きます。同時にそれは、リファンドのため

---

リファンドは半額の五セントで、ハーフバック・デポジット制と呼ばれている。返金しない五セントは、ごみ分別の出前講座など主にごみを減らすための施策に使われる。そのおかげで、同州はカナダで最もごみの少ない州だ。カナダには他にもハーフバック制の州が三州あり、それぞれ環境対策などに使われている。

**空き缶の投げ捨て調査**

「暮しの手帖社」が、空き缶の投げ捨ては悪いことかと一〇〇人に聞いたところ、一〇〇人とも悪いことだと知っていた。しかし、当時の環境庁の調査で「ここ一年間にきめられた以外の場所に空カンを投げすてたことのある人」は二八％もあった（『暮しの手帖』七七号「空カンと戦う日本中の人たちに」）。

の元手にもなります。飲み物を買ったときに併せて支払ったデポジットが、容器を返さない人には罰金として働き、返す人にはお礼やご褒美となるのです。

もし、リファンドなど要らないという人がいてポイ捨てしたとしても、誰かが拾ってリファンドを得ることができるというのも、デポジット制度の利点です。お金に困った人が、窃盗《せっとう》や強盗《ごうとう》を犯すよりも容器を拾うことで、安全に稼げるからです。そのため、デポジット制度には軽犯罪を減らす効果があるといわれています。「捨てれば損、拾えば得」、それがデポジット制度なのです。

デポジット制度の導入で飲料容器の回収率がアップし、散乱ごみが減ることは、既に各地で実証済みです。そのため、これ以上海をプラスチックで汚したくないと考える多くの国々で、近年デポジット制度を導入する動きが拡がっています。

たとえば、オーストラリアのニューサウスウェールズ州では、二〇一七年一二月から飲料容器を対象に強制デポジット制度（Q24参照）が開始されました。散乱ごみの四割削減を公約に掲げた知事を州民が支持した結果です。オーストラリアでは一九七五年に南オーストラリア州で初めて同制度が採用されましたが、飲料メーカーなどの反対で、あとに続く州は長年ありませんでした。しかし、二〇一二年にノーザンテリトリー（北部準州）が採用し、二〇一七年にニューサウスウェールズ州が採用したあとで、他の州も続き、現在ではすべての州が既に採用済みか採用予定です。プラごみの散乱による被害の実態が顕在化してきたことで、散乱ごみ対策としてのデポジット制度が再評価された証しでしょう。

デポジット制度にはほかにもよいことがあります。それはデポジットを上乗せすることで、買う時の金額が上がるため、消費に一定のブレーキがかかることです。デポジットを上乗せせずに容器を返却した人に奨励金《しょうれいきん》を付与する方法でも、散乱ごみはある程度減るでしょう。しかし、奨励金を付けての回収は、使い捨て飲料の購入を奨励しているのと変わらないので、販売量は増えることはあっても減ることはありません。

最初にデポジットを上乗せせずに、返却時にいくらか奨励金を渡すような仕組みもデポジット制度と呼ぶ場合があります。しかしそれは本当のデポジット制度ではないので、デポジット制度と呼ぶのは間違いです。

# Q22 日本での飲料容器のデポジット制度はどんな状況ですか？

**日本もかつてデポジット制度を導入しようとしたと聞きました。今でも導入している地域があるそうですが、どんな状況ですか？　全国に広がらないのですか？**

一九七〇年代後半から九〇年代にかけて、日本は「空き缶公害」と呼ばれた飲料缶の散乱に悩んでいました。そのため、京都市が生産者責任によるデポジット制度を条例化しようとしました。ボランティアで空き缶を拾っていた市民団体などからの要請に、市長も市会議員も賛同したためです。ところが、ほとんど決まりかけた頃、経済団体連合会（現日本経済団体連合会、以下「経団連」）会長が京都市へ乗り込み、条例化を阻止しました。飲料業界だけでなく、経団連が動いた背景として、生産者責任の飲料以外への波及を恐れたことがあると推測されています。

京都市の動きに触発され、一九八〇年に関東地方知事会でも、知事らが空き缶公害に共同で取組むことを決めました。関東地方を中心とする一都

埼玉県神泉村（現在は同県児玉郡神川町の一部）

神泉村のローカルデポジットは、一九八二年八月に村単独の事業として開始され、二〇〇七年に廃止された。埼玉県はローカルデポジットを導入した市町村に対し、一九八三年以降積極的に助成を行ったため、埼玉県内の導入事例は国内で最も多い。神泉村のデポジット・リファンド額は当初一〇円だった。散乱抑止効果と回収効果は顕著だったものの、徐々に缶飲料の売上が落ちたため、小売店が制度への協力を嫌がるよう

九県（東京、神奈川、埼玉、千葉、茨城、栃木、群馬、静岡、山梨）にデポジット制度を導入しようとしたのです。当初全知事が賛成で、どういう方法で回収するかも決まりました。

しかし、正式決定するはずだった会合で、突如静岡県知事が反対し、計画は頓挫《とんざ》しました。当時、いくつもの飲料関係の工場が静岡県内で稼働していたため、知事に業界から何らかの働きかけがあったものと思われます。

生産者責任を問う広域のデポジット制度は、こうした産業界の強い反対で実現しませんでした。その一方で、各地で比較的容易に実現されたのが「ローカルデポジット」でした。ローカルデポジットとは、地域を狭い範囲に限定し、デポジット制度の形式（あるいは形式の一部）を取り入れたものです。本来のデポジット制度では、生産者責任に基づいてメーカーや輸入業者が制度運営費用を支払いますが、ローカルデポジットは主に自治体が制度を運営し、運営資金も負担します。

ローカルデポジットが実現した理由は、導入を希望する側が運営費用を負担するため、飲料業界の負担はなく、口を挟む余地がなかったためでしょう。ローカルデポジットを導入した地域は、一九八四年時点で一五カ

---

になり、一九八五年一二月からデポジットの上乗せを中止し、リファンドのみとした。デポジットがなくなったため、リファンドは税金で負担する。つまり、デポジット方式は約三年で断念せざるを得なくなり、デポジットはゼロ、リファンド一〇円の奨励金方式に変更したのだ（一九九一年七月からはリファンドを五円に減額）。リファンドを税金で負担するようになってからは、村内の飲料容器販売量が急増した。一九八六年八月から、埼玉県は神泉村を含む県内六地域のローカルデポジット実施エリアで相互乗り入れを開始。六地域内で購入した缶ならば、六地域のどこでもリファンドを受けられるようにした。

神泉村の実験でわかったことは、デポジット制度は、最初に上乗せるデポジットが重要であるということ

所・一一団体（『月刊廃棄物』一九八四年八月号）、一九九二年時点で五二カ所・四二団体（『月刊社会党』一九九二年四二〇号）あったそうです。このうち、最も早く行われ、多くの地域に影響を与えたのが埼玉県神泉村でした。また、東京都八丈町では、市民団体が全面的にバックアップし、制度導入の機運を盛り上げました。大分県姫島村と静岡県熱海市初島では、現在もなお飲料缶のみを対象にローカルデポジットを継続しています。

継続できている地域が姫島村と初島のみということは、離島のような閉じたエリアでは可能でも、開放的なエリア内の一部地域では継続が困難だったことを意味しています。車で他地域と簡単に行き来できるような場所では、デポジット制度を導入していない地域で商品を買い、それを対象地域内に簡単に持ち込めるためです。

たとえば大分県では、デポジット制度に共鳴した知事がデポジット補助事業を立ち上げました。その際に選ばれたのが中津江村（現在は日田市に編入）と姫島村です。中津江村は、約二年の実験期間を経て運用を断念しました。大きな理由として、同村は島でなく、住民が村外から飲料缶を持ち込むことが容易だったため、デポジットによる課金が散乱ごみの削減に大

だ。リファンドのみでは回収量が増えたとしても、商品の販売量も増えてしまうため、回収されない容器数は減らないことが示された。

デポジット制度対象商品であることを証明する識別シール（姫島村内のスーパーにて撮影）

きな効果をもたらさなかったことが指摘されています。返却を面倒がる人たちは他地域で缶を買うため、対象地域内の小売店の飲料缶の売上は落ちます。その挙げ句、他地域で買った飲料缶の空き缶まで、対象地域内で捨てられてしまうので、ポイ捨ては減りません。そのため、住民の評判が悪かったのです。

一方、姫島村は一九八四年七月からローカルデポジットを試行し、一九八六年四月からは村の単独事業として本格的に開始しました。デポジット額もリファンド額も一〇円です。村内で販売される五〇〇ミリリットル以下の飲料缶すべてを対象とし、識別シール（右下写真）を貼ることで村外から持ち込まれたものと区別しています。効果としては、制度対象の缶のみならず、対象でないペットボトルやびんの散乱も減り、村全体がきれいになりました。離島であるため外部からの缶の持ち込みが少なく、制度の効果が村民に実感できたことが、中津江村と異なる点です。

姫島村のローカルデポジットは、今もうまく回っています（図6）。しかし、生産者責任によるものではないため、運営費用は

**図6　姫島村のデポジットシステムのフロー**

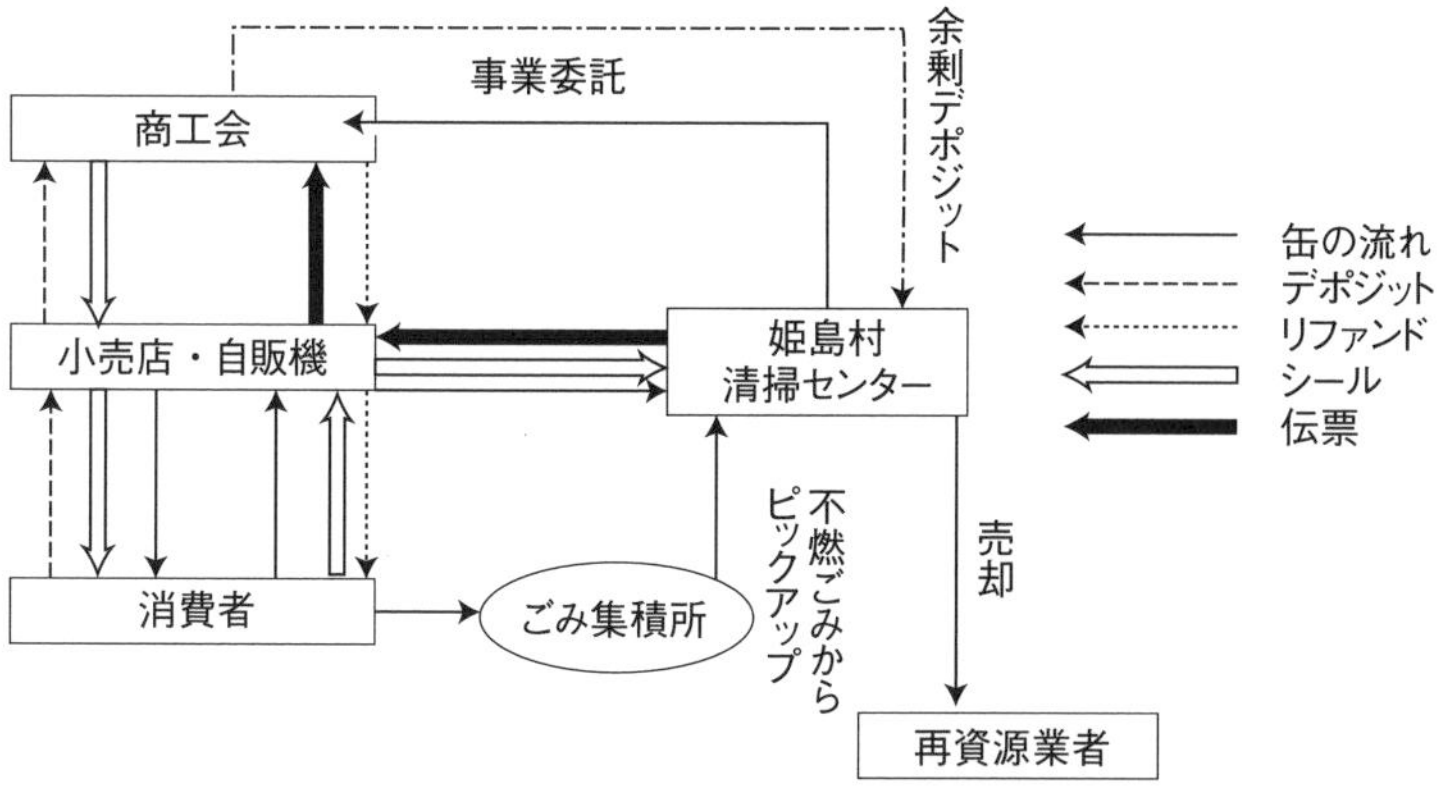


出所：栗岡理子「ペットボトルの散乱防止対策についての歴史的考察」『環境情報科学 学術研究論文集』31（2017）

生産者ではなく税金で賄《まかな》われています。もし、生産者責任によるものであれば、あらかじめ缶にバーコードなどを印刷できますが、それができないため村で一枚一枚缶に識別シールを貼らなければなりません。そういう手間にも費用がかかるため、村には飲料缶以外まで制度の対象にするだけの余力がなく、ペットボトルは可燃ごみになっています。

とはいえ、空き缶のローカルデポジットに慣れた村民が缶以外のごみをポイ捨てすることはなく、村内は美しい景観が保たれています。

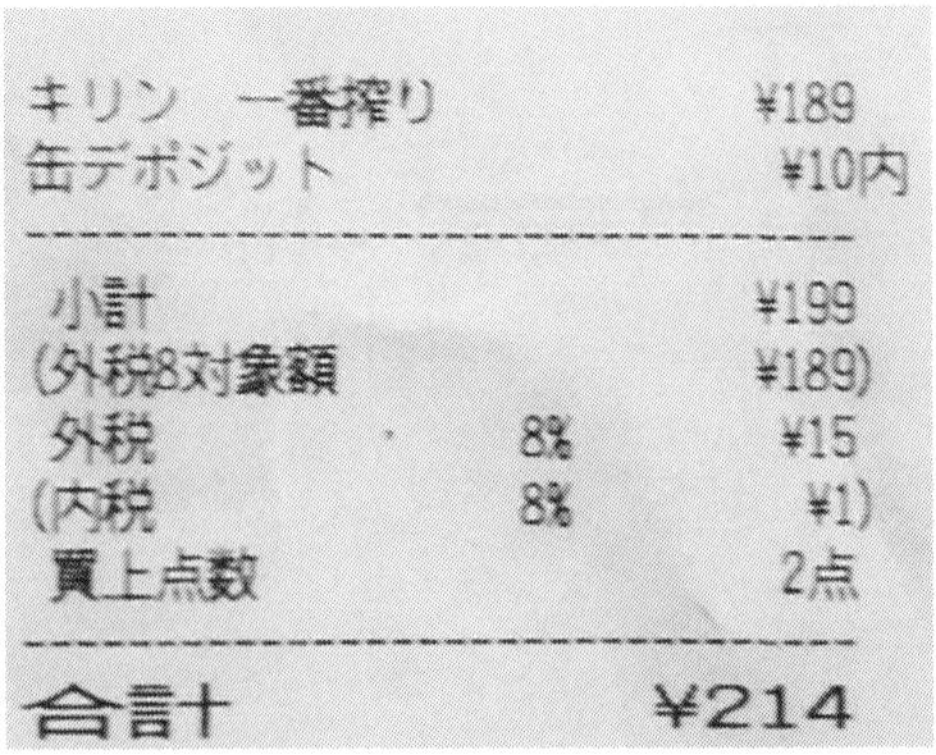

| | | |
|---|---|---|
| キリン　一番搾り | | ¥189 |
| 缶デポジット | | ¥10内 |
| 小計 | | ¥199 |
| (外税8対象額 | | ¥189) |
| 外税 | 8% | ¥15 |
| (内税 | 8% | ¥1) |
| 買上点数 | | 2点 |
| 合計 | | ¥214 |

「缶デポジット」と印字されたレシート

# Q23 飲料容器にデポジット制度を採用しているのはどこの国ですか？

**既に飲料容器のデポジット制度を採用している国はどこですか？　また最近、デポジット制度を検討している国や地域が増えているそうですが、どこですか？**

国内全域で使い捨て飲料容器にデポジット制度を採用している国には、欧州一一カ国（クロアチア、デンマーク、エストニア、フィンランド、ドイツ、アイスランド、リトアニア、マルタ、オランダ、ノルウェー、スウェーデン）や、イスラエル、キリバス、パラオ、フィジー、セーシェルタークス・カイコス諸島などがあります。

また、カナダは、イヌイット自治準州であるヌナブトを除くすべての州・準州で、それぞれ少しずつ対象の異なるデポジット制度を採用しています。オーストラリアは全州で既に制度を導入済みか、今後導入する計画です（Q21参照）。アメリカでは一〇州とグアムで、ミクロネシア連邦では一州（コスラエ州）で導入されています。

オレゴン州のデポジット制度

世界で最も早くデポジット制度を導入した地域の一つに、アメリカ・オレゴン州がある。同州のデポジット制度は日本にも大きな影響を与え、全国にデポジット制度が周知されるきっかけになった。

一九六九年、オレゴン州では散乱する空き缶と空きびんを問題視した市民が議員に相談したことがきっかけで、デポジット制度の気運が盛り上がった。二一九時間におよぶ公聴会を経て制度成立間際まで行ったが、メーカーの激しい反対にあい議

今後、ペットボトルなど使い捨て飲料容器にデポジット制度を導入する予定がある、あるいは導入を検討していると表明した国に、アイルランド、イギリス、ポルトガル、ポーランド、オーストリア、トルコ、ニュージーランドなどがあります。フランスも二〇一九年、デポジット制度導入を検討するプロジェクト推進委員会を立ち上げました。

ＥＵ加盟国は、二〇二九年までにデポジット制度などにより九〇％以上のペットボトルなどプラ製ボトルを分別回収することが義務付けられているため、今後デポジット制度を導入する国が大幅に増えることが予想されます。

今後、リユースできる飲料容器と使い捨て飲料容器の両方を強制デポジット制度（Ｑ24参照）の対象にする国が増えるでしょう。返却方法が統一されれる方が、消費者にとってもリユース容器を利用しやすくなるためです。

---

会で否決された。反対理由はコストが上がることと、小銭のために消費者は容器を返却しないという理由からだった。しかし、一九七〇年四月、食料品店の経営者が私財を投じ、自分の店で販売した飲料の容器は、一個あたり一・五セントで引き取ると宣言したところ、大勢の人々が空き容器を持参した。それをきっかけに再び住民運動が盛り上がり、一九七一年、再び議会に提出され可決された。一九七二年一〇月から、ソフトドリンクやビールなどの炭酸飲料を対象にデポジット制度が施行された。（『暮しの手帖』一九七九年）。

**オーストリア**

オーストリアは現在、再利用可能なペットボトルのみがデポジット制度の対象だが、使い捨ての飲料容器もデポジット制度の対象に加える計画があると、二〇二〇年九月に環境大臣が発表した。また同時に、オーストリア政府は将来すべての店でガラスびんなど再利用可能な容器で飲み物を買えるようにすることを目指すと発表した。二〇二三年から飲料の四分の一以上を詰め替え可能な容器で販売することを義務付ける予定。二年後には、その最低割り当て量を四〇％に引き上げ、二〇三〇年には五五％にまで再び引き上げる計画だ（ＥＵＷＩＤニュース、二〇二〇年九月七日より）。

## Q24 ビールびんはデポジット制度ですか？　店頭のペットボトル自動回収機は？

酒屋さんへビールびんを持っていくと五円くれるのはデポジット制度？　また、ペットボトルを自動回収機に入れるとポイントが付くのもデポジット制度？

デポジット制度には二種類あります。一つは現在各国で海ごみ対策として、ペットボトルなど使い捨て飲料容器を対象に進められている「強制デポジット」といわれる制度です。強制デポジットは法律に基づいて、使い捨て容器や有害物など、無価値のもの（あるいは価値の低いもの）や捨てられると困るものに導入されます。

もう一つが「自主的デポジット」（あるいは「自発的デポジット」）と呼ばれるもので、価値の高いものを対象に、メーカーなどが返却を促す目的で自主的に導入するものです。たとえば、びんを再利用することで安価な商品作りをめざすメーカーが、びん返却を担保するため、デポジット（保証金）を消費者から預かり、びんを返却すると返金するのがこれにあたりま

日本のビールびんもこの自主的デポジット制

日本ではビール会社五社が、ビールびんと専用通い箱（P箱）に保証金（デポジット）を付けて回収することを決め、一九七四年に開始した。寡占産業であるビールには制度を導入できたが、中小メーカーの多い日本酒には導入できなかったため、一升びんなどの規格統一びんはびんとしての市場価値で取引された。現在、ビールびんを酒販店へ持参すると五円返金されるが、一升びんを持参し

す。このようなリユースびんを対象とする自主的デポジット制度は古くから世界各地で見ることができます。

日本のビールびんもこの自主的デポジット制です。メーカー各社が協力し合い、五円のデポジットを付け、回収していました。以前は五円という金額もそれなりに価値があったので、ビールびんはうまくリユースできていました。しかし、今では五円という金額はインセンティブになりにくく、びんを返す人は減ってしまいました。デポジットの金額を上げればよいのですが、メーカーや販売店にとっては回収しなければならないびんを売るよりも、缶ビールの方が売りっぱなしにできるので負担が少なくて済みます。消費者にとっても、重いびんでビールを買い、また返しに行くよりも、缶ビールを買って空き缶を自治体回収に出す方が手軽です。多くの自治体は空き缶や空きびんを消費者から無料で回収しているためです。

結果的に、一般の小売店の売り場ではびんビールをあまり見かけなくなりました。びんビールの多くは現在、結婚式場や飲食店、ホテルや旅館などのような商業施設で利用されています。

一方、韓国では、使い捨て容器はデポジット制度ではありませんが、生

---

ても引取りを拒否されることが多いのはこのためだ。

ビール酒造組合によると、現在はメーカーによるデポジット制度ではなく、「販売店の自主的な活動であり、地域、販売店によっては行っていない」とのことである。

自主的デポジット制度は、交通系ＩＣカードなどにも採用されている。そのため、使わなくなったＳｕｉｃａやＩｃｏｃａカードを返却するとデポジット（五〇〇円）が返金される。

**商業施設で利用**

事業所から排出されるびんや缶、ペットボトルなどは「廃棄物の処理及び清掃に関する法律（第3条）」で、事業者が自らの責任で適正に処理しなければならないと定められている。そのため、飲食店などの商業施設は使用後の容器を自治体回収に出すこ

産者が費用を負担する拡大生産者責任で回収されています。しかし、ビールびんのようなリユースびんは強制デポジット制度で回収されています。以前はデポジット額が五円程度だったため、多くの消費者はびんを小売店に戻さず、リファンドを放棄して自治体回収に出していました。そのため、韓国はデポジット額を二〇一七年から一三〇ウォン（約一三円）に引き上げました。そのため、個人ユーザーもびんを店まで返却するようになりました。韓国ではビールの他に、焼酎びんも強制デポジットの対象です。リユースびん入りのビールや焼酎は、小さなスーパーやコンビニでも売られており、びんを店に返却してデポジットを返してもらうことができます。大型スーパー店頭には、リユースびん専用の自動回収機（写真）も設置され、びんを入れると金額が印字されたレシートが出てきます。それをサービスカウンターへ持参すると、換金できます。

一方、日本のスーパーなどの店頭に設置されているペットボトル自動回収機は、最初にペットボトルのデポジットを支払っていなくても、空のボトルを自動回収機に投入することで、カードに〇・二円分のポイントが付くなどします。デポジット制度の導入国で同じような機械が使われていま

---

とはできず、有料の処理業者に依頼することになる。そのため、デポジットが低額でも販売店にびんを返す方がコストを低く抑えられるため、商業施設でのびん回収率は高い。もし、家庭で飲む飲料も自治体が容器を無料で回収しなければ、商業施設での使用と同様に、多くの消費者は容器を店まで返すだろう。

すが、日本の場合、最初にデポジットの上乗せがないため、デポジット制度ではありません。設置者の目的は、散乱ごみ削減の意図もあるのかもしれませんが、あくまでも顧客サービスの一環でしょう。デポジット制度ではないため、インセンティブが少額すぎて散乱抑止効果はほとんどありません。しかし、消費者にとって店頭回収は便利であり、自治体にとっては税金での回収を減らすことができます。店側にとっても、顧客がペットボトル返却を目的に来店することで「ついで買い」による販売促進効果が期待できる上、社会的責任を積極的に果たす企業姿勢を地域に示すこともできます。

スーパー店頭に設置されているリユースびん専用の自動回収機（韓国・ソウル市内にて撮影）

# Q25 日本の飲料容器の回収率は高いって本当？　ならばデポジット制度は不要？

ペットボトルの回収率が九〇％以上って本当ですか？　他の飲料容器の回収率も高いようですが、それならば、デポジット制度にする意味がないのでは？

不要品として捨てられるものの回収量を把握することは非常に難しいため、日本では飲料容器などの回収量が正確にはわかっていません。そのため、たとえばＰＥＴボトルリサイクル推進協議会で発表している「指定ＰＥＴボトル」の回収率九三・〇％（二〇一九年度）という数字は、あくまでも「参考値」の扱いです。

それぞれの業界団体が指標として発表しているリサイクル率（二〇一九年度）は、ペットボトル八五・八％、スチール缶九三・三％、アルミ缶九七・九％です。しかし、このリサイクル率の算出方法も、再商品化工場へのアンケートや貿易統計などに頼らざるをえず、正確とは言い難いのが実情です。

私たちが日頃目にするのは、可燃ごみの日にごみ置き場に置かれているごみ袋のなかにペットボトルが透けて見える光景です。そのため多くの人が「本当に九〇%以上回収されているの?」と疑問に思っているようで、講演会などでも時々疑問の声が聞かれます。

現に各自治体が行っている可燃ごみの組成調査結果を見ると、ペットボトルの混入率は高く、たとえば大阪市の「普通ごみ」のペットボトル混入率は二〇一七年度が〇・四〇%(一三三三トン)、二〇一八年度で〇・二七%(八九八トン)です。ペットボトルを一本二五グラムとして換算すると、二〇一七年度が約五三二九〇万本、二〇一八年度が約三五九〇万本に相当します。つまり、大阪市だけでも年間約三六〇〇万本(人口一人当たり一三本)から五三〇〇万本(同二〇本)程度のペットボトルを燃やしているということです。日本のペットボトルの販売量が一人当たり約二〇〇本ですから、買ったペットボトルの六%から一〇%を燃やしていることになります。

アルミ缶やスチール缶にしても、自治体によって回収方法は異なりますが、金属ごみとして鍋やフライパンなどまで空き缶と一緒に回収する自治体は少なくありません。これをアルミと鉄に分けてそれぞれの再生工場へ

可燃ごみと一緒に捨てられている缶やペットボトル

送ったとしても、このうち何パーセントが缶なのかを正確に把握するのは至難の業でしょう。

一方、デポジット制度導入国では、集まるデポジット額と返金する額から飲料容器の販売本数と回収本数が簡単にわかります。また、それぞれの再生工場へ引き渡す量によっても回収量は明確にわかるので、回収率は本数ベースでも重量ベースでも正確に算定されます。貿易統計などをもとにカウントする場合のように、混入しているごみの重量まで容器重量としてカウントされる可能性はありません。そのため正確な回収率がわかるのです。

デポジット制度を導入している国でも、さまざまな要因（たとえば、デポジット額が低すぎる、回収場所が少ない、など）により回収率が低めのケースもありますが、設定金額が適切で、回収場所も適切ならば、回収率は概《おおむ》ね八五％～九〇％以上になります。

ノルウェーやドイツなどでは九五％以上を回収しています。これらの国々では、飲料容器イコールお金ですから、落としてもすぐに誰かが拾ってくれます。他のごみが落ちていたとしても、少なくとも拾いやすい場所に落ちている飲料容器はほとんど見かけません。

---

**ノルウェー**

デポジット制度と一言でいっても、いろいろな方法があり、回収率もさまざまだ。たとえばノルウェーでは、飲料容器に環境税が課され、税率は回収率ごとに変わる。九五％以上回収すると環境税は免除される。メーカーは達成したい回収率に応じたデポジット額を設定することができる。

ペットボトルの場合、デポジット（保証金）とリファンド（返金）の額は五〇〇ミリリットル以下が二クローネ（約二五円）、それより大きいものは三クローネだ。使用後のボトルを自動回収機に入れるか、または販売店のレジに持参すると返金される。英紙ガーディアン（二〇一八年七月一二日）によると、ノルウェーのペットボトル回収率は九七％で、うち九二％は飲料ボトルの原料に再生されている。

それらの国々と、飲料容器がすぐにごみ袋の中や路上、河原などで見つかる日本で、同程度の回収率やリサイクル率を発表しているのですから、不審に思う人がいても当然です。私自身もいつも不思議に思っています。

空き缶回収にデポジット制度を採用している大分県姫島村（Q22参照）では落ちている缶をほとんど見かけませんし、不燃ごみなどに混入している缶も気付けば村の担当者が分別します。それでも空き缶回収率は、二〇一八年度が八八・一％、二〇一九年度が八五・二％です。島外に持ち出される缶も多少あるとはいえ、姫島村でもわかる通り回収率九〇％という数字はかなり高いハードルです。ごみ袋の中や路上、海岸にも、ペットボトルや空き缶がほとんど見当たらない状況でさえも、なかなか達成できる数字ではないのです。日本のようにどこでもすぐに放置された飲料容器が見つかる状況下であれば、発表される回収率やリサイクル率が何％であろうと、対策を取る価値はあるでしょう。

もちろん、使用そのものを「減らすこと」が大事なことはいうまでもありません。総量規制やサイズ規制のような効果的な「徹底削減」と「デポジット制度」の両輪の政策が必要です。

## Q26 デポジット制度を導入すると、自治体の飲料容器回収はどうなりますか？

**自治体の飲料容器回収がなくなると不便ですし、手間がかかります。デポジット制度になれば、自治体回収はなくなってしまうのでしょうか？**

デポジット制度といっても、制度の内容は国や地域ごとに大きく異なります。飲料容器のデポジット制度の場合、最初に上乗せするデポジット（保証金）と、容器返却時のリファンド（返金）があれば、あとの制度設計は自在です。ですから、既に自治体回収が行われており、それを継続したい場合は、自治体回収を残すことも可能です。

たとえば、カナダ・ノバスコシア州では、容器を「環境デポ」と呼ばれる州の認可を受けた民間の回収施設に持ち込んでリファンドを受け取ることもできますが、面倒な場合は他の資源ごみと一緒に自治体回収に出すこともできます。自治体は回収した資源ごみの中から飲料容器を抜き出し、決められた場所へ容器を持ち込むことでリファンドを得ます。そのリファンドは、自治体の回収費用に充当できるため、回収に税金が使われることはありません。

同州では、びん・缶・ペットボトルの他にジュースなどの紙パックや、ボックスワインの中身のワインを入れたプラスチック袋なども、デポジット制度の対象にしています。容器回収施設は、州内に住む人たちが持ち込みやすいようにそれぞれ適切な間隔を取って設置されており、引き取った容器数に応じた手数料で運営されています。施設の運営を妨害しないため、小売店などで一部の容器のみを回収することは禁じられています。

このように容器の回収方法は地域によってさまざまです。北米やオーストラリアでは小売店回収と専用の回収施設を併用している地域が多く、欧州では小売店回収が基本です。そのためか、回収品目は欧州よりも北米やオーストラリアの方が多種類であるケースが多く見られます。

飲料容器の強制デポジット制度（Q24参照）は、一九七〇年代から世界各地で行われている制度です。導入地域の実情に合わせて、どのようにも制度設計が可能なので、既に多彩な方法が考案され、実施されています。

飲料容器を回収する「環境デポ」（カナダ・ノバスコシア州にて撮影）

プロブレムQ&A

# V

# リサイクル

## Q27 日本で廃プラスチックはどう処理されていますか？

**プラスチックは本当にリサイクルされていますか？　また、燃やすこともリサイクルだと聞きましたが、どういう意味ですか？**

プラスチックのリサイクルは、①マテリアルリサイクル（再生利用）、②ケミカルリサイクル、③サーマルリサイクル（熱回収）の大きく三種類に分けられます。

①は、また元のプラスチックの状態に戻して、新しい製品の材料として利用するリサイクルのことです。私たちのリサイクルのイメージに一番近いのがこれにあたります。

②は、一般に化学反応を利用して組成変換した後にリサイクルすることをいいます。プラスチックを化学的に分解し化学原料に戻すため、高度なリサイクルが可能です。しかし、ペットボトル以外の容器包装プラスチックの場合、ケミカルリサイクルとは主に「高炉原料化」や「コークス炉化

廃プラスチック（廃プラ）とは

使用後に捨てられたプラスチック製品や工場などから出たプラスチックくずを指す。

学原料化」、「ガス化」を指します。高炉原料化は、製鉄所でコークス（石炭を蒸し焼きにしたもの）の代わりに還元剤として高炉に投入されます。コークスは、鉄を作る際に鉄鉱石の主成分である酸化鉄から酸素を奪う働き（還元）をするものです。コークス炉化学原料化では、コークス炉の炭化室で廃プラを高温で熱分解し、化学原料となる炭化水素油やコークス、エネルギーとして利用されるコークス炉ガスなどを作ります。ガス化とは、廃プラを熱分解によってガス状にし、アンモニアなどの原料として使用します。いずれもプラスチックの有効利用ではあるものの、プラスチックの原料に再生しているとはいいにくいリサイクル方法です。

③は、燃やして発生した熱エネルギーを発電などに利用したり、あるいは固形燃料にしたりすることです。日本ではこれをサーマルリサイクルと呼んでいますが、欧米では「エネルギー回収」（energy recovery）などと呼び、リサイクルとはみなしていません（本書でも単に「リサイクル」という場合、③は含みません）。日本はこれもリサイクルと呼ぶため、「燃やしているのになぜリサイクルなのか」「分別してもどうせ燃やされるなら、最初から可燃ごみにしても同じだ」などといわれ、消費者の混乱を招いています。

図7　日本の廃プラ処理方法の内訳（2018年）

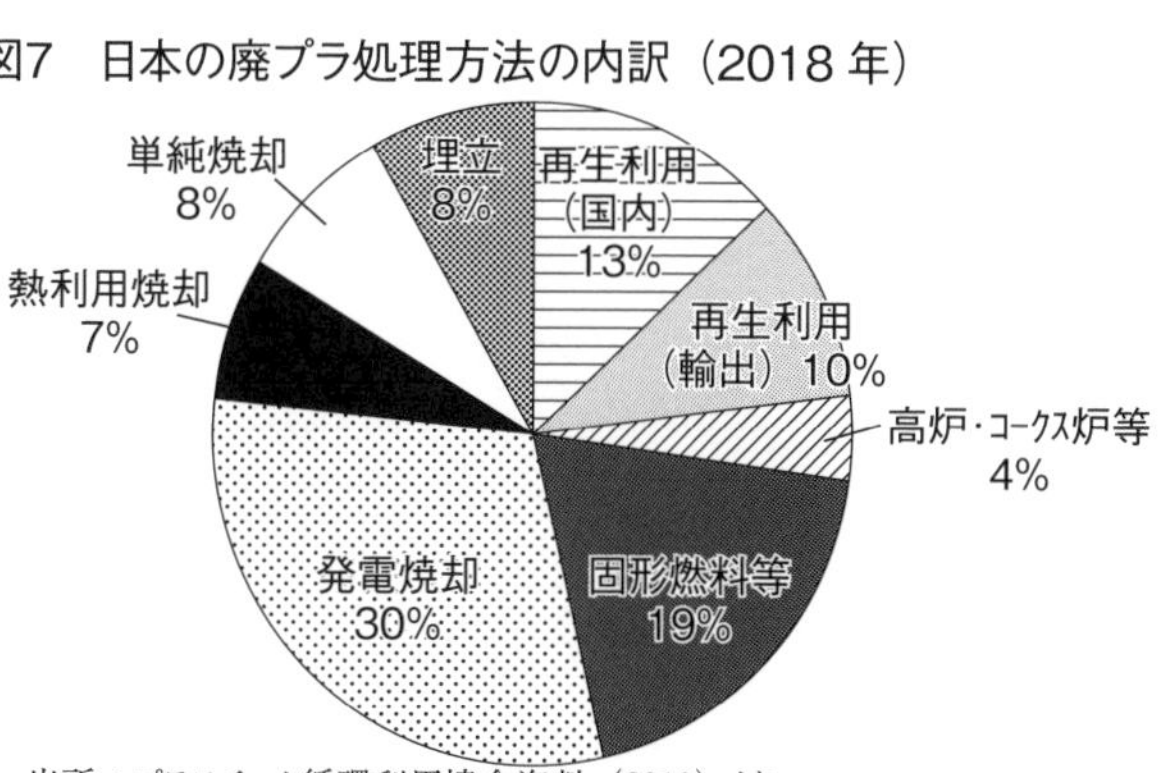


出所：プラスチック循環利用協会資料（2019）より

日本で発生する廃プラの処理方法は、二〇一八年の場合マテリアルリサイクルが二三％、ケミカルリサイクルが四％、サーマルリサイクルが五六％となっています。残りの一六％はそのまま焼却されたり埋め立てられたりしました（図7）。二〇一七年までは、国内で新たな製品の材料にリサイクルされるマテリアルリサイクルは少なかったのですが、二〇一八年には中国へ廃プラを輸出できなくなったため、半分以上が国内でリサイクルされるようになりました。

---

二〇一九年の廃プラ処理方法

二〇一九年は、マテリアルリサイクルが二二％（国内一三％、輸出九％）、ケミカルリサイクルが三％、サーマルリサイクルが六一％、残りの焼却・埋立が一四％だった（プラスチック循環利用協会）。

## Q28 容器包装リサイクル法って何ですか？　拡大生産者責任との関係は？

容器包装リサイクル法（容リ法）は拡大生産者責任が明確ではないため、使い捨てを増やしていると聞きました。どういうことですか？

容器包装リサイクル法（容リ法）は、容積比でごみのおよそ六割を占める容器包装廃棄物を再商品化（リサイクル）することを目的に、一九九五年に制定された法律です。背景にあったのは、当時「あと八・五年で一杯になる」といわれるほど最終処分場に余裕がなくなったことでした。

この法律の対象となるのは、一般の家庭で商品の購入後にごみとして排出される容器や包装です。①ガラスびん、②ペットボトル、③プラスチック製容器包装（ペットボトル以外のプラスチック製の容器包装）、④紙製容器包装（紙箱や包装紙など）です。

同法により、「消費者は分別排出、自治体は分別収集、事業者は再商品化」と各役割が決められました。これで事業者にも一定の責任が課せられ、リサイクルが進むと思われましたが、すぐにとんでもないことが明らかになりました。

使い捨ての容器包装に入った製品がますます増えてしまったのです。事業者責任は再商品化のみなので、事業者にとっては、製品を使い捨て容器に入れるほうがリユース容器に入れるよりも負担が少ないためです。

一方、自治体は「リサイクル貧乏」になりました。自治体が担う分別収集とは、回収だけでなく、回収物から異物や汚れたものを除去するための選別と、それらを圧縮梱包し事業者が取りに来るまでの保管を意味します。細かいルールが多いため、市民に対し分別指導もしなければなりません。自治体の負担は膨大です。

使い捨て容器増加の顕著な例がペットボトルでした。全国清涼飲料工業会（現全国清涼飲料連合会）が、厚生省（当時）の指導により自粛《じしゆく》していた一リットル未満のペットボトルの製造販売を、「容リ法」制定の翌年に解禁したのです。多くの自治体や市民団体が散乱や資源の無駄遣いを懸念《けねん》し、解禁に強く反対しました。しかし、一九九六年四月、コンビニにズラリと小型ペットボトルが並びました。解禁日の四月になるまで待ちきれず、

---

ペットボトルを巡る攻防

『日本経済新聞』（一九八二年六月一二日）によると、サッポロビールはビール容器（一・五リットルのペットボトル）を引き取る方針を表明した。他のメーカーも後に続くと思われたが、大型ペットボトル入りビールは性能などの問題もあり、最終的にはどのメーカーも製造を中止した。二〇〇四年、アサヒビールがペットボトル入りビールを発売しようとしたが、環境団体の反対により中止。しかし、二〇一五年にキリンビールが、改良した容器による一リットルのペットボトル入りビールを発売した時は、環境団体などによる組織的な反対は起きなかった。ペットボトルに多くの人たちが慣れてしまったためと、ペットボトルはリサイクルできるから環境にやさしい、あるいは資源として売れると誤解を招いたこと

「テスト販売」と称して三月中にコンビニ店頭に並べ始めるメーカーもあったほどです（『日本経済新聞』、一九九六年三月八日）。

それまで、飲料容器の処理責任をめぐって自治体とメーカーはせめぎ合っていました。たとえば、東京都町田市や同三鷹市は、一九七三年、条例で飲料缶の事業者の回収責任を規定しました。さらに京都市は、一九七〇年代後半から一九八〇年代にかけて、事業者責任によるデポジット制度導入を条例化しようとしました。経団連の猛反対で頓挫《とんざ》しましたが、京都市の思いは各地の自治体に共有されました（Q22参照）。

また、一九八二年に大型のペットボトル入りビールが家庭用として発売された際、「新たなゴミ公害を起こす」として問題視した全国都市清掃会議は、ペットボトル容器の使用規制を求める決議を採択しました。批判を受けたメーカーは、ペットボトルを自ら回収する方針を発表するなどしています。

「容リ法」は、ＥＰＲ（拡大生産者責任）を一部だけ認める形で、このような自治体と生産者の長年のせめぎ合いに結着をつけました。ＥＰＲとは、生産者が製品の生産・使用段階だけでなく、廃棄・リサイクル段階まで責

が原因だと思われる。

**自治体が負担するペットボトルのコスト**

異物を取り除き、圧縮梱包したペットボトルは有償で引き取られるため、ペットボトル回収により自治体が潤っているかのように誤解する市民が多い。しかし、「容リ法」によって自治体が負担するペットボトル分別収集費用は莫大で、たとえば稲岡美奈子氏が学術誌（二〇一一年）に発表した推計によると、有償分を差し引いても自治体負担は二六三億円（九八・四%・二〇〇八年度）、対する事業者の負担は四・三億円（一・六%・同）だ。

任を負うことです。ところが「容リ法」は、容器の処理段階で最もお金のかかる回収責任を自治体に負わせてしまいました。それが今に至るまで是正されないことが、プラスチック製容器包装ごみの一人当たりの量が世界第二位という結果になってしまった原因の一つでしょう。

ＯＥＣＤ（経済協力開発機構）は、生産者がごみになる部分を減らし、リサイクルしやすい製品を作るようにするため、ＥＰＲを推奨しています。製品についてよく知る生産者が廃棄物の処理責任を担うことが合理的であり、またその費用を当該製品に含めることもできます。消費者は、購入する時点で製品価格に内部化された処理費用（回収・リサイクル費用）を支払うことになります。

このように処理費用を納税者負担から購入者負担に変えることで、処理費用の高い商品は価格も上がります。そのことが、生産者がごみになりにくく、リサイクルしやすい製品を作り、容器包装についても「できるだけ発生量が少なく、リサイクルしやすいもの」に変えるインセンティブになるのです。

「容リ法」は、日本で最初にＥＰＲの考えを導入した法律ですが、回収

---

**ＥＰＲ制度の国際動向**

二〇一六年に発表されたＯＥＣＤの拡大生産者責任アップデート版によると、世界では約四〇〇の拡大生産者責任制度が実施されている。その手法の七〇％が製品回収義務で、一七％が処分費用の前払い制度、一一％がデポジット制度だ。

責任を自治体に負わせ、税金で回収費用を賄《まかな》ったため、包装材を抑制しようというインセンティブが生産者に十分届かず、容器包装を過剰にしてしまっています。

## Q29 せっせと分別しているのに、なぜ日本のリサイクル率は低いのですか？

**日本の一般廃棄物のリサイクル率は、先進国の中で低いと聞きました。きちんと分けて資源回収に協力しているのに、なぜリサイクル率が低いのですか？**

ごみの処理方法を焼却に頼っていることが、リサイクルが進まない最も大きな原因でしょう。環境省が焼却炉に高額の補助金を出している日本では、ほぼ自治体ごとに焼却施設が建設されています。そのため、日本の焼却施設数は世界で突出しています。一般廃棄物（一廃）の焼却施設数は一一〇三で、二番目に多いアメリカは約一〇〇、環境先進国ドイツは六八施設です。最近は、市町村合併や広域処理による焼却施設の大型化が進んだこともあり、数は減少傾向ですが、それでもまだ世界の焼却施設の三分の二は日本にあるといわれています。

日本では、コレラなどの伝染病を防止するためにごみは焼やすのが一番よいとして、一九三〇年に改正された法律（汚物掃除法）でごみ焼却が義務

**事業所などから排出される容器包装は、現状ではまだ対象外**

これまで事業者が排出するプラごみにはリサイクルが義務付けられていなかったため、大半が燃やされていた。今後、大量に使用する事業者にはリサイクルを義務付ける計画だ（Q34参照）。

**事業系ペットボトルの大半は海外へ**

スーパーやコンビニ店頭、自販機横、駅、高速道路のサービスエリアなどの回収ボックスに入れられてい

化されました。それ以来、日本のごみ処理方法は焼却が中心です。そのため、一廃の焼却率は七八％とＯＥＣＤ加盟国の中で一番高く、リサイクル率は二一％と平均に遠く及びません。ＯＥＣＤ加盟国の平均リサイクル率は三六％です。（図８）

日本と海外では一廃と産業廃棄物（産廃）の区分が大きく異なっており、海外もそれぞれの国で少しずつ違うため、厳密な国際比較は困難です。もし、条件をそろえて比較した場合、リサイクル率にこれほど大きな差は開かない可能性もありますが、すべて同じ条件でリサイクル率を比較した資料はないため、正確なことはわかりません。

しかし、日本ではリサイクルに関する各種法律の対象範囲が狭いため、リサイクル量があまり多くないことは確かです。たとえば、「食品リサイクル法」の対象は、食品関連の事業者（製造・流通・飲食店等）の廃棄物に限定されているため、家庭から出る生ごみは対象外です。そのため、家庭の生ごみの多くは燃やされており、生ごみのリサイクルは先進国のなかで、大きく立ち後れています。

また、「容リ法」（Q28参照）は、あくまでも家庭から排出され自治体が

---

た事業系ペットボトルも、家庭から自治体が回収したものではないため「容リ法」の対象ではない。

しかし、ペットボトルはＰＥＴ（ポリエチレンテレフタレート）という単一の樹脂でできているためリサイクルしやすく、多少汚れていたり、キャップが付いたままだったりしても買ってくれる国がある。そのため、これらの多くはこれまで海外へ輸出されていた。自動回収機で回収されたきれいなペットボトルは、国内でまたボトルにリサイクルされるものもあるが、国内でリサイクルされるペットボトルの多くは、自治体が家庭から回収したものだ。しかし、二〇二一年から「バーゼル条約」（Q30参照）により、廃ペットボトルは輸出しにくくなるため、現在ペットボトルのリサイクルに関するさまざまな取組みが進められている。

回収する容器包装のみを対象にするので、事業所などで発生した容器包装は現状ではまだ対象外です。そのため、たとえば駅のごみ箱に捨てられたプラスチック製弁当殻などは対象になりません。もし購入者が自宅に持ち帰り、洗って回収に出せば「容リ法」の対象としてリサイクルされますが、駅などに捨てられたプラスチックは産業廃棄物（産廃）になります。汚れているため、大半は焼却されます。

また、容器包装として家庭から出されたプラスチック容器もすべてがリサイクルされるわけではありません。まず回収後、自治体が選別ラインで確かに容器包装かどうか、きれいに洗われているかどうか、などをチェックします。基準に満たないプラスチックはそこで省かれ、ほとんどは焼却に回されます。基準を満たすものはリサイクル工場に搬送されますが、マテリアルリサイクルの工場（再生工場）へ行くか、ケミカルリサイクルの工場へ行くかは毎年入札によって決まります。

もし再生工場へ行った場合、そこでもまた厳しく選別されます。容器包装プラスチックには数種類の樹脂が多層になっているものが多くありますが、それらはリサイクルしにくいため、取り除かれます。また、ポリエチレンやポリプロピレン、ポリスチレンのようにたくさん使われている種類のプラスチックはリサイクルに回されますが、それ以外のものはやはり取り除かれます。そのため、再生工場までたどり着いた容器包装プラスチックの中で、新しい製品の材料になる分はさらに半分ほどになり、除かれたもの（残渣《ざんさ》）は熱回収（固形燃料など）に回されます（図9）。プラスチックは種類が多いため、私たちがきれいに洗って回収に出しても、マテリアルリサイクルはなかなか難しいのが現状です。

一方、ケミカルリサイクルの工場へ行った容器包装プラスチックは、大半がコークス炉化学原料化やガス化など（Q27参照）としてリサイクルされるので、残渣として熱回収に回されるものは少なく、約三％です（図9）。

容器包装以外のプラスチック製品（製品プラ）、たとえばポリバケツや衣装ケースなどは、単一樹脂でできているものが多いため、異なった種類の樹脂や素材を組み合わせて

図8　各国の一般廃棄物の焼却率とリサイクル率（2017 年）

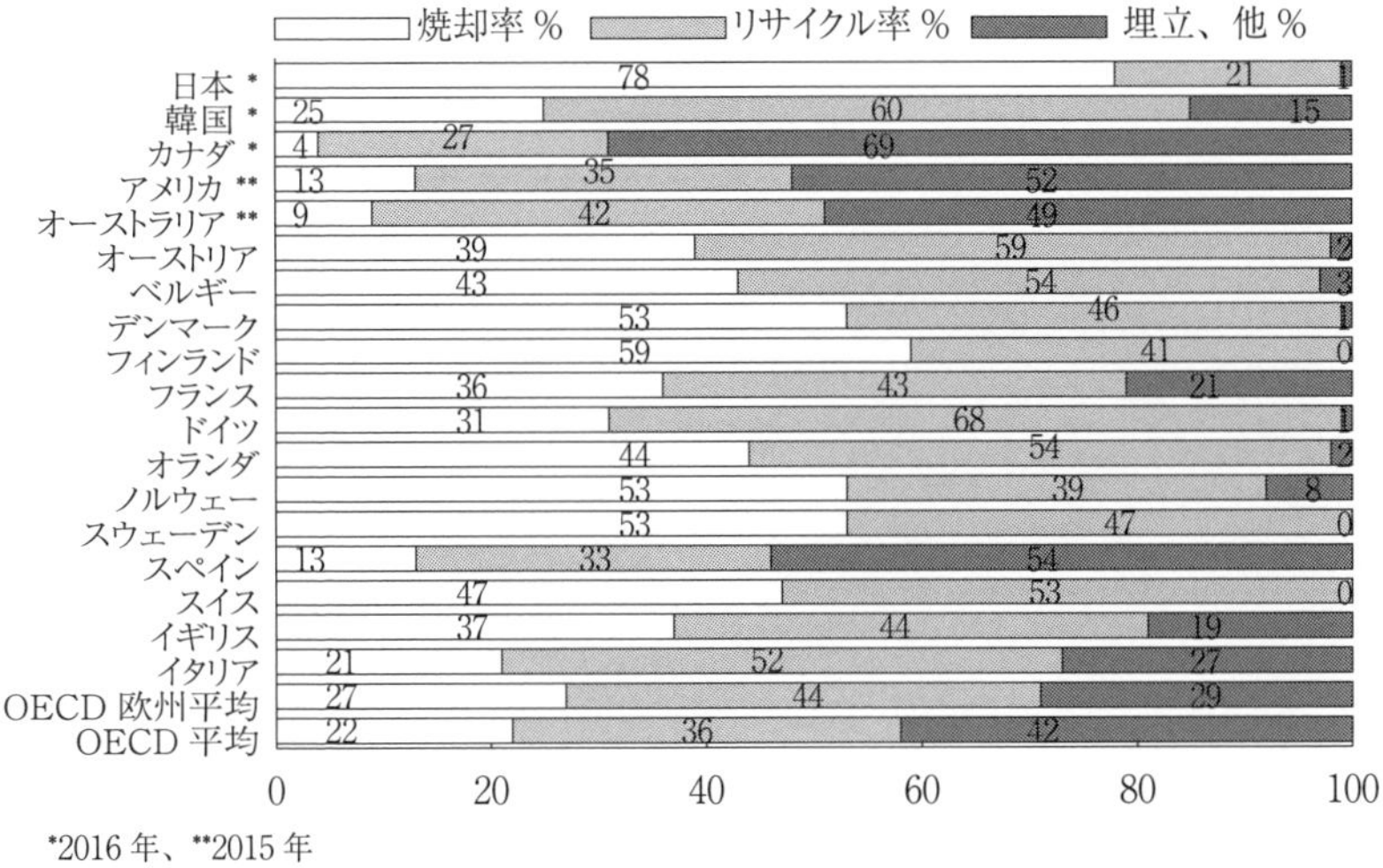


*2016 年、**2015 年
出所：OECD 統計より一部抜粋　https://stats.oecd.org/index.aspx?lang=en

作られていることも多い容器包装よりもリサイクルに適しています。しかし、この製品プラを、多くの自治体は他のごみと一緒に焼却炉で燃やしてしまいます。「容リ法」でリサイクルされる「容器包装」とはあくまでも商品を入れたり包んだりしたもので、購入後は不要になるものだけなのです。

「家電リサイクル法」の場合、「容リ法」とは異なり事業所で使われた家電も対象です。リサイクル費用は、廃棄時に購入者が支払います。そのため、不要になって廃棄するときに高額の処分費用（リサイクル料＋収集運搬料）を後払いの形で支払うことになるので、支払いから逃れて無料で処分しようとする人は多く、違法な海外輸出や不法投棄の温床になっています。

「家電リサイクル法」の対象は、いわゆる家電四品目（エアコン、テレビ、冷蔵庫・冷凍庫、洗濯

**図９　プラスチック製容器包装の流れ（2019年度）**

家庭からの排出量※1　130.1万トン

↓

市町村分別収集量※2　74.1万トン

↓

指定法人引取量　65.5万トン

↓

マテリアルリサイクル　34.5万トン

○再商品化製品　17.2万トン

製品内訳：再生樹脂7.6万トン、パレット4.9万トン、等

○残渣　17.3万トン※3

残渣内訳：固形燃料化8.4万トン、工業用燃料化4.9万トン、等

ケミカルリサイクル30.9万トン

○再商品化製品　26.9万トン

製品内訳：コークス炉化学原料化19.9万トン、ガス化4.4万トン、等

○残渣　0.9万トン※3

残渣内訳：工業用燃料化0.5万トン、固形燃料化0.2万トン、等

※1 日本容器包装リサイクル協会への委託申込みにおける排出見込み量から推計
※2 環境省発表資料
※3 残渣には有価物は含まれません

出所：日本容器包装リサイクル協会ウェブサイト掲載資料をもとに作成

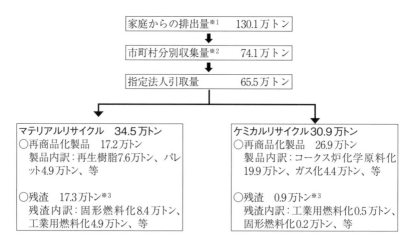

機・衣類乾燥機）に限定されています。この四品目ならばリサイクルされますが、似たような廃棄物にウィンドファンや冷風扇、除湿機などがあります。しかし、これらはこの法律の対象ではありません。一般家庭から出される扇風機さえも、多くの自治体で「粗大ごみ」として回収されています。回収後、多くは破砕され、燃やされることになります。

つまり、国の補助金で多くの焼却炉が作られている日本では、燃やされやすい上、各種のリサイクル法があっても、対象が限定的だったり、処理費が後払いだったりします。そのことが、リサイクル率の低い大きな原因になっていると考えられます。

---

**違法な海外輸出や不法投棄の温床**

「こちらは廃品回収車です。ご家庭でご不要になりましたテレビ、エアコン、冷蔵庫、洗濯機など、なんでも無料で回収します」などの音声をスピーカーから流しながらゆっくりと走っている軽トラックを、見たことはないだろうか。一般家庭から廃棄物を回収するには「一般廃棄物収集運搬業許可」が必要だ。しかし、軽トラックで回っている回収車の多くは無許可営業で、回収された家電などは、不法投棄や不法輸出に回される可能性が高い。

## Q30 中国の廃プラ輸入禁止後、日本の廃プラはどうなったのでしょうか？

**中国が廃プラを受け入れなくなったため、日本の中間処理施設には廃プラが積み上がっている映像を以前テレビで見ました。その後、どうなったのでしょうか？**

中国は二〇一七年七月、年内にプラスチックなど一部廃棄物の輸入を停止するとWTO（世界貿易機関）に通告しました。輸入品の中に汚染物質や危険物質が大量に混入していたため、中国の環境を深刻に汚染したことが理由です。

通告通り中国は、二〇一七年末におもに生活由来の廃プラの輸入を停止し、二〇一八年末には工業由来の廃プラの輸入も停止しました。それまで中国は世界最大の廃プラ輸入国で、その最大の輸入元は、香港を除けば日本とアメリカでした。

日本が一七年に輸出した廃プラ量は一四三万トンで、うち約半分が中国向けでした。中国へ輸出できなくなった廃プラは、マレーシアやタイ、台

**大量の廃プラを受け入れる国の動向**

ＪＥＴＲＯ（日本貿易振興会）によると、マレーシアは二〇一八年七月、廃プラの受入れを一時停止し、新たな認可基準を設けることにした。輸入量が急増した同国では、一部地域で違法な操業が行われ、深刻な水質汚染も確認されたためだ。新たな認可基準は、従来の申請書類提出に加え、保管場所の収容能力の証明やリサイクル処理後の廃プラの販売先リスト、輸入廃プラ一トン当たり一五リンギット（約四〇五円）の税金の納付などの追加条件が課されている。

湾などに振り分けられました。しかし、中国ほど大量の廃プラを受け入れることのできる国はありません。二〇一八年の日本のプラスチック輸出量は約一〇一万トン、二〇一九年には約九〇万トンに減少しました（参考：JETRO）。輸出できなくなった分は、国内でリサイクルや焼却・埋立などに回されています。

　中国の廃プラ輸入停止がきっかけとなり、汚れた廃プラの越境問題に各国の関心が集まりました。有害廃棄物の国境を越えた移動を制限する「バーゼル条約」の締約国は、二〇一九年、汚れた廃プラを新たな対象に加えることに合意しました。これにより二〇二一年一月から、リサイクルに適さない廃プラは、国境を越えて移動させることができなくなりました。対象にする廃プラは、①飲食物や泥、油が付着している、②プラごみ以外の物が混入している、③裁断・粉砕処理がされていない、などです。つまり、食べ物で汚れた弁当殻や、キャップやラベルが分別されず、裁断もされていないペットボトルなどは原則として輸出できません。

　ちなみに中国は、すべての固体廃棄物の輸入を二〇二一年一月から禁止しました。そのため、国内で消費しきれない古紙を中国への輸出に頼って

---

　タイでも多くの不適正処理や密輸が発覚し、二〇一八年七月に一時禁輸が発表された。また、ベトナムは二〇一八年七月に廃プラなど輸入廃棄物の管理を強化した。二〇二五年までに輸入を完全に禁止する方針だ。台湾は二〇一八年一〇月から質の悪い廃プラの輸入を制限した。インドは二〇一九年八月末から全面的に輸入禁止にする。

　日本の二〇一九年の廃プラ輸出先上位国は、マレーシア（二九％）、台湾（一七％）、ベトナム（一三％）、タイ（一一％）、韓国（一〇％）だ。

https://www.jetro.go.jp/biznews/2020/02/5c7b57b5cc67b51c.html

いた日本は、これからは廃プラだけでなく、古紙の国内利用についても考えなければなりません。

　これまでごみの発生抑制や国内での再生利用についてあまり考えてこなかった日本は、今後使い捨てのものやリサイクルしにくいものなどの禁止を含めて、大幅な使用量削減と資源の有効利用などに真剣に取り組む必要があります。

## Q31 リサイクル品から禁止された有害物質が検出されることがあるって本当？

**既に禁止された有害物質が、リサイクルされたプラスチック製品から検出されると聞きました。それならば、リサイクルより燃やす方が良いのではないですか？**

確かにリサイクルは良いことばかりではありません。たとえば、ＩＰＥＮ（国際ＰＯＰｓ廃絶ネットワーク）は二〇一九年、日本やＥＵ諸国、アルゼンチン、ブラジル、カンボジア、カナダ、インド、ナイジェリアで販売されているプラスチック製のおもちゃや髪飾りなどから、高レベルの臭素系ダイオキシンや臭素系難燃剤などの有害化学物質を検出したと発表しました。ダイオキシンの濃度は、焼却灰など有害廃棄物に匹敵するレベルでした。臭素系ダイオキシンは、臭素系難燃剤を含むプラ製品をリサイクルする際に、加熱によって意図せず生成される非常に有害な化学物質です。発がん性だけでなく、脳の発達や免疫システムなどにも悪い影響をもたらすといわれています。

---

**ゆりかごから次のゆりかごへ**

「ゆりかごからゆりかごへ」（Cradle to Cradle：Ｃ２Ｃ）」は、ドイツ環境保護促進機関の創始者であるマイケル・ブラウンガート氏らが提唱し、認証制度を立ち上げた。サーキュラー・エコノミー（Ｑ32参照）の原点ともいえる概念だ。Ｃ２Ｃ（シーツーシー）は「生産→消費→生産」のサイクルを目指す。「ゆりかごから墓場まで」では、せっかくゆりかご（地球）から得た貴重な資源をごみとして墓場（廃棄物処分場）へ捨ててし

日本の100円ショップで販売されていたおもちゃや髪飾りからもＰＢＤＥ（臭素系難燃剤の一種）が検出されました。ＰＢＤＥは、既に日本でも製品への添加が禁止されていますが、禁止前に使われていたテレビやパソコンなどのプラスチック部分が輸出され、玩具などにリサイクルされて戻ってきたようです。

また、韓国でもカキの養殖用の発泡スチロール製の浮きから臭素系難燃剤が検出されています。浮きに難燃剤を使う必要はないので、建築資材に使われていた発泡スチロールがリサイクルされ、浮きの原料に使われてしまったためだと考えられます。このようにリサイクル製品（再生品）から有害物質が検出されることがあり、再生品に対する信頼を失わせています。

しかし、循環型社会の実現には、資源を有効に使い回すリサイクルは非常に重要です。そのため、再生品に残って困るような物質を最初から使ってはならないことはもちろんですが、もし元の製品に有害な添加剤が使われている場合には、それを再生材料として使用しないようにしなければなりません。そのためには、やはり製品について知識のある生産者がリサイクルし、次の製品作りの段階まで責任を持つ必要があります。つまり、

---

まう。しかし、「ごみ＝資源」ととらえ、継続的に生産に利用することで完全な循環を目指すことができる。Ｃ２Ｃの認証基準には、原材料の健康性（環境や人間に悪影響を与えないこと）や社会的公正さなどがあり、有害な化学物質を含まない原料を使用し、繰り返しの回収・リユースにも耐える高い品質であること、社会的に公正なプロセスで生産されることなどが求められている。

「ゆりかごから墓場まで」ではなく、生産者は製品をゆりかごから次のゆりかごへ乗せるまで責任を持つ必要があるということです。

生産者は、これまでのように回収を自治体に任せ、そのリサイクル費用を支払うだけで責任をはたしたと考えるのではなく、製品の生産から使用・回収を経て次の再生品を生産するまで、責任をもって循環させる必要があります。

リサイクルを単に製品を処分するための一手段として捉えるのではなく、生産工程の中の一場面として捉えれば、医療系などごく一部の製品を除き、循環しないような製品は作るべきでも、使うべきでもないことがわかります。

もちろんリサイクルできるからと安心して「資源ごみ」を出し続けてよいはずはありません。リサイクルにもエネルギーがかかる上、プラスチックはリサイクルするとどうしても質が落ちてしまいます。使い捨てではなくリユースできるものへの転換と、プラスチック以外の原料への代替を、早急に進める必要があります。

プロブレムQ&A

# VI

# 脱プラ生活

## Q32 3Rって何ですか？ サーキュラー・エコノミー（循環型経済）って何ですか？

**3Rだけでなく、4Rとか5Rなどという言葉も聞きます。サーキュラー・エコノミーという言葉もよく聞くようになりましたが、それぞれどう違うのですか？**

3Rとは「リデュース（Reduce：削減）、リユース（Reuse：再利用）、リサイクル（Recycle：再資源化）」の三つのRの総称で、大事なのはこの順番です。まず大切なのは、すぐにごみになるようなものは買わずに、くり返し使えるものを選ぶことです。くり返しの使用ができなくなった、あるいは使わなくなった場合には、資源回収に出してリサイクルします。

家庭での買い物で出るごみを3Rにたとえるならば、野菜を買う際にはプラスチック使用量を減らす（「リデュース」する）ため、まず裸売りの野菜を選びます。それをマイバッグで持ち帰ればごみは出ません。しかし、ほしい野菜の裸売りが見つからず、ポリ袋入り野菜を買ってしまうこともあるでしょう。その場合、そのポリ袋は部屋のごみ箱の内袋などに使います。

---

ニュージーランドでは6Rを提唱

ニュージーランド首相の主任科学顧問が二〇一九年末に出した報告書『ニュージーランドのアオテアロアでプラスチックを再考する』には、プラスチックのサーキュラー・エコノミーへ移行するための6Rとして、Rethink（再考）、Refuse、Replace（代わりのものを使う）、Reduce, Reuse、Recycleが提唱されている。プラスチックのサーキュラー・エコノミーを実現するためには、単なる3Rでは不十分なのだ。

ごみ回収日にはポリ袋にたまったごみを回収用の別のごみ袋に入れ、もとのポリ袋は幾度か「リユース」します。しかし、ポリ袋のサイズによっては、使う用途が思いつかないときもあります。そういう場合は、ポリ袋を処分するため自治体の「プラスチック製容器包装」の資源回収日に出し、「リサイクル」します。

3Rでは不十分だということで、他の言葉を加えたのが4Rや5Rです。何を加えるかは、提唱する人や団体によって異なります。Refuse（断る）を加える場合もあれば、Repair（修理）を入れる場合もあります。Rental（借りる）や、持続可能な資源に転換していくという意味でRenewableを入れる場合もあります。

どんな言葉を入れるにせよ、いいたいことは、少ない資源をできるだけ長く、繰り返し使い、使用後はリサイクルしてもう一度資源として再利用する、こうして持続可能な社会を実現しよう、ということです。

たとえば、使ってすぐに捨ててしまえば、またエネルギーを使って資源を採掘し、製品を作らなければなりません。資源は無限にあるわけではなく、採掘にはエネルギーが必要です。採掘場所によっては、自然破壊に直結します。たとえ植物などのようにまた再生する資源でも、再生するまでには長い時間がかかります。また、ごみを燃やせば二酸化炭素や有害物質が発生します。さらに、一割程度は焼却灰として残るので最終処分場も必要になります。そういう無駄を極力省くためにも3Rは重要です。

サーキュラー・エコノミー（循環型経済）はそれをさらに進めた概念です。それ以前の経済モデルはリニア・エコノミー（直線型経済）であり、「資源採掘→作る→使う→廃棄」と進みます。3Rを採用することで、それがリサイクリング・エコノミーのモデル、「資源採掘・再生資源→作る→使う→リサイクル・廃棄」に変わりました。要点は、なるべく製品をリサイクルしてまた使うというものです。つまりリサイクリング・エコノミーでは、3Rが導入されているとはいえ、廃棄物の発生は織り込み済みです。そのため、すぐに使えなくなるものやリサイクルできないようなものでも、作れば利益を得ることができました（図10）。

しかし、それでは地球環境は持続できないことに人々は気づき始めたのです。そこで提案された経済モデルがサーキュラー・エコノミーです。この循環型経済モデルは、サプライチェーン（供給網）のループが閉じられ

図10　従来型経済モデルとサーキュラー・エコノミーのイメージ図

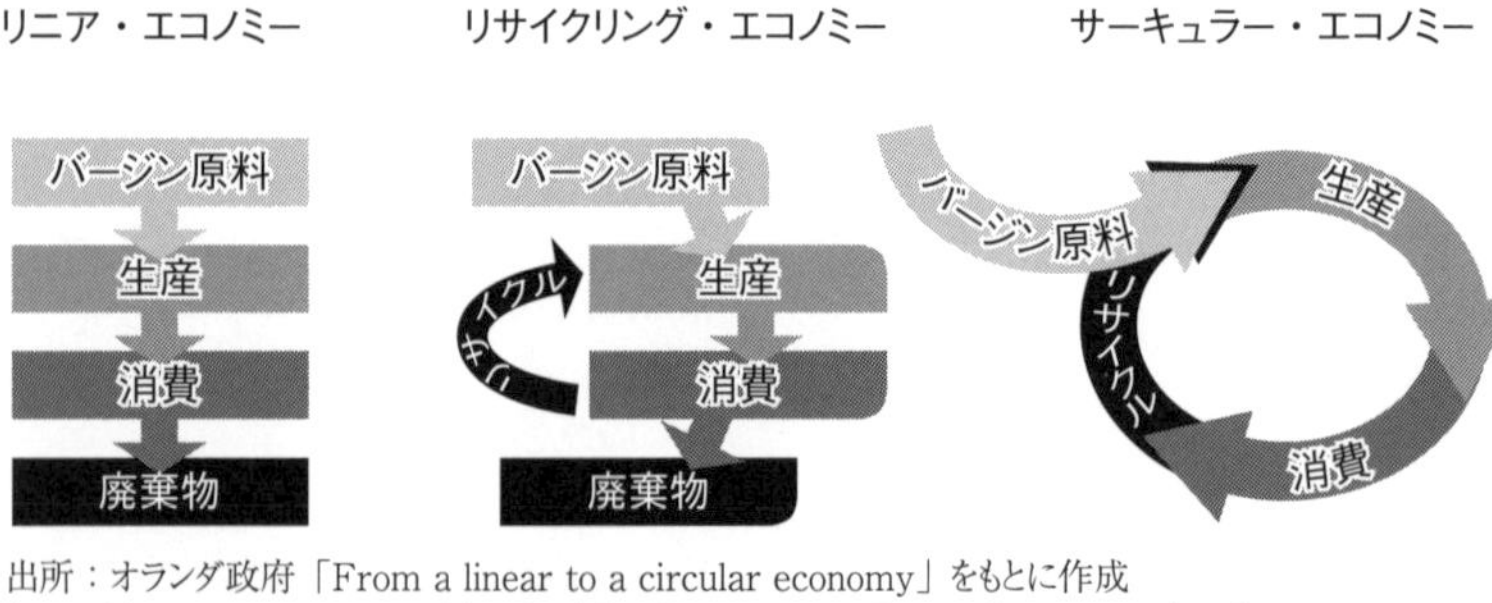


出所：オランダ政府「From a linear to a circular economy」をもとに作成
https://www.government.nl/topics/circular-economy/from-a-linear-to-a-circular-economy

ています。つまり、製品の原材料・部品の調達から、製造、在庫管理、配送、販売と回収まで、全体の一連の流れの輪を閉じ、資源の再利用を行うことで、サプライチェーン全体を通して資源を循環させます。そのため、リサイクルできないような製品は最初から作りません。これを推進することで、調達する資源量が減り、リユースやリサイクル産業、メンテナンスや修理などの分野も活性化します。

一番大事なことは、できるだけバージン原料を避け、資源を最小限しか使わず、ごみを出さないことです。その目的で、製品設計の段階から使用後の処理段階に配慮します。たとえば、製品の寿命を伸ばすために部品交換しやすい設計を採用したり、使用後の製品を解体・リサイクルしやすいように設計したりするのです。

二番目に大事なことは、リユース・リサイクルを進めることです。リユースといっても自分だけでは再活用しきれないものもあります。そういうものはレンタルやシェアを進めます。また、このリサイクルには、日本でいうところの「サーマルリサイクル」(熱回収・Q27参照) は含みません。あくまでも新しい製品作りの原料として使えるリサイクルを指します。サー

---

**サーキュラー・エコノミー政策**

欧州委員会は二〇一五年、サーキュラー・エコノミーの実現に向けた新提案「サーキュラー・エコノミー・パッケージ」を立ち上げ、翌年欧州理事会が採択した。同パッケージでは廃棄物に関する複数の改正法案が提出された。その法案には、サーキュラー・エコノミーを推進するための廃棄物目標(二〇三〇年までに加盟国各自治体のごみの六五%および包装ごみの七五%をリサイクルし、すべての種類の埋め立てごみを一〇%削減すること)や、その支援策が含まれている。

マルリサイクルでは資源は循環せず、途切れてしまうからです。

「大量生産・大量廃棄」型の直線型経済は、公害や地球温暖化、プラスチック汚染問題などを引き起こしました。それはリサイクリング・エコノミーになってもあまり改善されませんでした。いまだに地球に備わっているエコシステムでは間に合わないほど過剰に資源を浪費し、水を汚し、空気を汚し、山林を破壊し、土壌を劣化させています。そのせいで生態系も破壊され、生物多様性も危機的状況です。自然災害も増え、私たちの暮らしを脅かしています。

EUではサーキュラー・エコノミー政策が策定され、実施されつつあります。もちろんまだ完全なものではありません。日本もすぐにごみになるものを作るのはやめて、資源をいつまでも循環させることで利益を生み出し、経営が成り立つような社会の仕組みに変革する必要があります。

## Q33 エコロジカル・フットプリントって何ですか？ 地球一個分の暮らしって？

**「地球一個分で暮らそう」という言葉を聞きました。これは、エコロジカル・フットプリントの考えだそうですが、どういう意味ですか？**

エコロジカル・フットプリントとは、人間の活動が地球に与える環境負荷を「面積」で表した指標です。この面積というのは、人間活動が自然界から借りて利用した生産力のある土地や水域の合計です。これが地球上の生産力のある土地や水域の総面積を超えない暮らし方が「地球一個分の暮らし」です。

エコロジカル・フットプリントは計測したいものの環境負荷を足し合わせて求めます。たとえば、一本のトマトジュースが作られるまでのエコロジカル・フットプリントを知りたい場合、トマトを栽培するために使われる農地、肥料、水、農器具、それらを運ぶための車や燃料などが計測の対象になります。ハウス栽培であるならば、そのハウスを作るための材料や部品、ハウスを温めるための燃料なども対象です。それらすべての環境負荷を耐用年数と収穫できるトマト量、そこから搾り取れるジュース量から割り出します。トマトジュースをペットボトルに入れるとすると、ペットボトルの環境負荷も加える必要があります。面積への換算は、たとえば化石燃料使用により発生する二酸化炭素の場合、それを吸収するために必要な森林面積に置き換えるなどの方法で求めます。

NPO法人エコロジカル・フットプリント・ジャパンによると、さまざまな環境指標がある中で、エコロジカル・フットプリントには次の特長があります。

①シンプルで分かりやすいこと
②私たちの暮らしが、生態系が本来持っている環境収容力をどれほどオーバーしているのかを示せること

これらのおかげで、私たちの活動が、地球が生産・吸収できる生態系サービスの範囲内かどうかがわかります。

地球が一年間で再生できる量を上回ってしまう日のことを「アース・オーバーシュート・デー」といいます。国際NPO団体グローバルフットプ

**エコロジカル・フットプリントについての文献**

エコロジカル・フットプリントについての詳細が書かれた文献には、『エコロジカル・フットプリント』（マティース・ワケナゲル、ウィリアム・リース著、和田喜彦監訳、合同出版、二〇〇四年）、「『地球一個分の経済』達成状況を可視化するエコロジカル・フットプリント指標」『環境研究』一五二号（pp.一四―二四、和田喜彦、二〇〇九年）、『ビオシティ』五六号「特集：地球にちょうどいい生きかたの指標」（監修：WWFジャパン、発行：（株）ブックエンド、二〇一三年）などがある。

リントネットワークの計測によると、二〇二〇年に世界がオーバーシュートした日は八月二二日です。この日から自然資源の使い過ぎが始まり、未来にツケを回しながら暮らしたことになります。アース・オーバーシュート・デーは年々到来する日が早まっています。しかし、二〇一九年は七月二九日でしたから、二〇二〇年は三週間以上遅くなったことになります。これは新型コロナウイルス禍による都市封鎖などの影響で、二酸化炭素排出量や木材伐採量が減ったことなどが理由です。今後は災害によってではなく、社会システムの変革によって、アース・オーバーシュート・デーができるだけ来ないようにする必要があります。

日本だけを見た場合、二〇二〇年の日本のアース・オーバーシュート・デーは五月一二日でした。

世界平均よりも三カ月も早いのは、日本人の暮らしが世界平均よりも浪費型だからです。今の日本人と同じ暮らしを世界中の人がしたら、地球が二・八個必要だそうです。ちなみに世界中の人がアメリカ人と同じ暮らしをすると地球は五個必要ですが、インド人と同じ暮らしをするならば〇・七個で済むそうです。

世界の平均的な暮らし方でみんなが暮らすと、地球は一・七個必要になります。私たち人間は地球の予算（回復力）の一・七倍で暮らしているということです。回復力の範囲内（オーバーシュートしない範囲）で人間が暮らしていれば、地球環境問題は起きなかったはずですが、それを超えて人間が活動してしまったため、さまざまな問題が起きました。

未来にツケを回す暮らしを続けた結果、ツケがききにくくなったところ（地球環境が耐えられなくなったところ）から綻《ほころ》びがでています。その綻びとは、地球温暖化や生物多様性の減少、そしてプラスチック汚染問題などです。

国際連合は二〇二〇年七月、環境破壊や気候変動が進行することで、新型コロナウイルスやエボラ出血熱などの「人獣共通感染症」が頻発《ひんぱつ》する可能性があると発表しました。私たち人間が森林破壊や資源の乱獲、地球温暖化などにより生態系を破壊し続ければ、動物から人間に病原体が移行する病気は続きます。ウイルスや菌はプラスチックの表面で数日間は生きることができるため、プラスチックが病原体の運び屋になることを懸念する科学者もいます。

今のところ、プラスチックのような自然に還らず微細化し、地球上に

---

**エコロジカル・フットプリントの評価方法**

エコロジカル・フットプリントの評価方法などについては、適宜見直されている。NPO法人エコロジカル・フットプリント・ジャパンの和田喜彦会長（同志社大学経済学部教授）によると、プラスチックや放射性物質のような将来にも負荷を押し付けるものを評価するための新たな概念を取り入れた指標「フューチャー・エコロジカル・フットプリント」が、現在検討されているそうだ。現段階では、「事後継続的影響管理コスト」という概念が提案されており、この発展型として「フューチャー・エコロジカル・フットプリント」が模索されているのである。

残り続けるという性質を計測する環境指標は見当たりません。エコロジカル・フットプリントでも計測はなかなか難しいようですが、地球一個分の暮らしを実現できるように、早急に社会の仕組みを根本から見直したいものです。

## Q34 プラスチック削減に向け、世界の取り組み状況は？　海外は規制があるの？

日本のプラスチック規制は海外に比べて後れているといいます。世界共通の目標はありますか？　また、海外にはどのようなプラスチック規制がありますか？

二〇一九年三月にケニアの首都・ナイロビで開催された国連環境総会で、一七〇を超える国連加盟国の閣僚らが、「二〇三〇年までに使い捨てプラスチックを大幅に削減すること」などを盛り込んだ閣僚宣言を採択しました。閣僚宣言に法的拘束力はなく、しかもアメリカなどの反対でだいぶ緩い宣言になりましたが（原案は「二〇二五年までに使い捨てプラスチックを廃絶」でした）、これにより先進国も途上国もプラスチックの大幅削減に取り組むことが決定しました。

同年六月に日本で開催されたG20大阪サミットでは、「二〇五〇年までに海洋プラスチックごみによる追加的な汚染をゼロにまで削減することを目指す」という首脳宣言が参加国間で共有されました。この実現に向け、日本は途上国の廃棄物管理やインフラ整備を支援する旨を表明しました。しかし肝心な、プラスチック使用量の削減目標値は盛り込まれませんでした。

ＥＵでは二〇一九年五月、欧州理事会が使い捨てプラスチック製品の流通を二〇二一年までに禁止する法案を採択しました。ＥＵ全域で禁止される使い捨てプラスチックは、ストローのほかに、皿、カトラリー（フォーク・ナイフ・スプーン・箸など）、マドラー、風船の棒、綿棒の軸、発泡スチロール製の食料・飲料用容器、発泡スチロール製のコップ、酸化型分解性プラスチック（Q19参照）で製造された製品です。ＥＵの脱プラ政策をけん引しているのはフランスでしょう。

フランスは二〇一五年に「エネルギー転換

表５　フランスのプラスチック規制のスケジュール

| | 規制内容 |
|---|---|
| 2016年7月 | 使い捨てレジ袋の使用を禁止 |
| 2017年1月 | レジ袋以外のプラ製袋（果物・野菜の量り売り用などの小袋）を禁止 |
| 2020年1月 | カップ、グラス、皿、プラ軸綿棒を禁止 |
| 2021年1月 | ストロー、花吹雪、ステーキ用ピック、カップ用ふた、ナイフ・フォーク・箸などのカトラリー、マドラー、プラスチックのフィルムが付いた皿、発泡スチロールの容器・ボトル、風船用スティックを禁止 |
| 2022年1月 | ティーバッグ※、野菜・果物の包装、新聞・雑誌・広告の包装、ファストフードの子供用メニュー向けのおもちゃを禁止 |
| | 公共施設に冷水機の設置義務付け |
| 2023年1月 | ファストフードでのカップ、グラス、カトラリー（再利用可能なものと置き換え） |
| 2025年1月 | 2025年以降に販売される洗濯機へのマイクロファイバー回収用のフィルターの設置を義務付け |
| 2030年 | 使い捨てプラスチック飲料ボトルを2030年までに50％削減する目標の設定 |
| 2040年 | 使い捨てプラスチックの市場への投入禁止 |

出所：JETRO「循環経済法で使い捨てプラスチックからの脱却を目指す」2020.3.26、ほか

※プラ製ティーバッグ禁止の背景には、ティーバッグの多くが紙や綿ではなく、ナイロンやポリプロピレンなどの合成繊維が使われていることがある。米学術誌に2019年、プラ製ティーバッグ1袋から100億個以上のマイクロプラスチックが湯の中に放出されることがカナダ・マギル大学の研究チームにより発表された。また、ティーバッグから出たマイクロプラスチックをミジンコに投与したところ、身体構造や行動に異常が認められたことも発表された。

法」を制定し、この中に使い捨てプラ製品削減を目指した条項を盛り込みました。これにより、二〇一六年からレジ袋が使用禁止に、二〇一七年からはレジ袋以外のプラ製袋（野菜や果物売り場の量り売り用袋など）も禁止になりました。さらに、禁止対象が拡大され、二〇二〇年からプラスチック製の皿やカップ、綿棒の軸も禁止になりました。二〇二一年以降も禁止品目を拡大し、二〇四〇年には使い捨てプラを全廃します（表5）。また、フランスは二〇二〇年二月に「循環経済法」を制定したため、これまでエネルギー転換法や食品法などに分散していたプラスチックを規制する法律を「循環経済法」に一本化しました。プラスチック規制をサーキュラー・エコノミー（Q32参照）政策の一環であると捉えたためでしょう。海洋プラスチック汚染問題への対応として、二〇二五年以降に販売される洗濯機へのマイクロファイバー回収用のフィルターの設置の義務付けなども定めています。

プラスチック規制に前向きなのは欧州だけではありません。ニュージーランドはリサイクルが困難なポリ塩化ビニルや、発泡スチロール製の食品・飲料容器を段階的に禁止します。インドは二〇二二年までに使い捨て

ファストフード店などの紙コップ

紙コップにもプラスチックがラミネートされている。このため、紙コップを地面に埋めると、紙部分は分解されるが、プラスチック部分は分解されずに残る。

プラ製品を全廃する取り組みを進めています。既にマハラシュトラ州（州都ムンバイ）では使い捨てのプラ製レジ袋やストロー、ナイフ、フォーク、食器などは禁止されました。

台湾も対象範囲を徐々に拡大させ二〇三〇年までに使い捨てプラ製品を全廃する計画です。全面禁止されるプラ製品は、レジ袋、食器、コップ、ストローです。台湾では二〇〇二年から使い捨てレジ袋や食品容器の削減に取り組んでいました。

中国でも、二〇二五年までに使い捨てプラスチックを大幅に減らすことを表明しています。外食産業の使い捨てストローは二〇二〇年末までに使用を禁止します。

韓国は、二〇二二年までに使い捨て製品の使用量を三五％以上減らすロードマップを発表しました。それによると、プラ製ストローやマドラーは二〇二二年からレストランやカフェ、ファストフード店などで使用が禁じられます。また、使い切りのシャンプーやリンス、歯ブラシ、かみそりなどは二〇二二年から五〇室以上の宿泊施設で、二〇二四年からはすべての宿泊施設で無料提供が禁止されます。ファストフード店などの紙コップの

---

店外に使い捨て容器を持ち出す際はデポジットを払う制度も推進予定

韓国環境部発表資料（二〇一九年一一月二二日）

http://me.go.kr/home/web/board/read.do?boardMasterId=1&boardId=1096240&menuId=286

店内使用は二〇二一年から禁止（プラカップは既に禁止済み）、店外に使い捨て容器を持ち出す際はデポジットを払う制度も検討されています。これが実施されれば、以前一度施行された後に廃止されたコップのデポジット制が復活することになります。

アメリカやフィリピンなどでは自治体単位で取り組みが進められています。たとえば、米ニューヨーク市では二〇一九年一月から「発泡スチロール禁止法」により飲食店などで提供される使い捨ての発泡スチロール容器やトレイ、ピーナッツ型の緩衝材《かんしょうざい》が使用禁止になりました。フィリピンでは多くの自治体でレジ袋を禁止、そのうちのいくつかでは発泡スチロール製食品容器も禁止しています。フィリピンの民間調査会社によると、ペットボトルなど飲料水ボトルについては国民の四一％が使用禁止に賛成、一八％が利用料徴収に賛成しているそうです。

一方、日本は二〇一九年五月、「プラスチック資源循環戦略」を策定しました。その戦略目標は、①二〇三〇年までにワンウェイプラスチック（使い捨てプラスチック）を累積で二五％排出抑制すること、②二〇二五年までにプラスチック製容器包装およびプラスチック製品をリユース・リサイクル可能なデザインにすること、③二〇三〇年までにプラスチック製容器包装の六割をリユース・リサイクルすること、④二〇三五年までに使用済プラスチックをリユース・リサイクル、それが難しい場合は熱回収も含め一〇〇％有効利用することなどです。

この戦略をどう実現していくかについて、環境・経済産業両省の有識者会議で検討していましたが、新法を制定することになりました。新法は、家庭から排出される容器包装以外のプラスチック製品（ポリバケツや洗面器など）のリサイクルについては、容器包装と一緒に回収し、リサイクルします。また、プラスチック製造事業者が自社製品を自主回収する場合、事業者が広域処理をできるようにすることで、リサイクル体制を強化します。二〇二一年の通常国会に

表６　各国の主な使い捨てプラスチック削減対策

| | 主な目標・規制内容 |
|---|---|
| 日本 | 2030年までに使い捨てプラを累積で25％排出抑制。2020年７月からレジ袋有料化 |
| 欧州連合 | 2021年までに皿、カップ、プラ軸綿棒などの使い捨てプラや発泡スチロール容器、酸化型分解性プラを禁止。ペットボトルはデポジット制度などで90％回収を義務付け |
| イギリス | 2020年10月から使い捨てプラのストローやマドラー、プラ軸綿棒を禁止。42年までに不要なプラスチックをすべてなくす |
| インド | 2022年までに使い捨てプラ製品を廃止。現在ほとんどの州が何らかのプラスチック規制を導入。例えばマハラシュトラ州は200mL未満のペットボトルを禁止、禁止されないペットボトルはデポジット制で回収 |
| コスタリカ | 2021年までに使い捨てプラ製品の使用は原則禁止 |
| 台湾 | 使い捨てプラ製品を2030年までに全面禁止。ストローは2020年以降、店内提供禁止 |
| 韓国 | 2030年までに使い捨てプラを使用禁止。2022年までに使い捨て製品の使用量を35％以上減らす。使い捨てカップの店内使用は既に禁止 |
| マレーシア | 使い捨てプラゼロに向けたロードマップ(2018-2030年)を発表 |
| タイ | 2022年までにレジ袋や発砲スチロール製の食品容器、プラ製使い捨てカップやストローの廃止を計画 |
| カナダ | 2030年までにプラごみゼロを計画。2021年末までに、レジ袋、ストロー、マドラー、6パックのリング、カトラリー、リサイクルが困難なプラ製のテイクアウト用容器の使い捨てプラは禁止 |

出所：カナダ政府のプレスリリース（2020.10.7）、マレーシア首相官邸公式サイト（2019.7.12）、東洋経済日報（2018.9.7）、ほか

関連法案を提出し、早ければ二〇二二年度からの適用を目指すとしています(『毎日新聞』二〇二一年一月八日)。しかし、意欲的なプラスチック削減政策を展開する国々と比べると、まだ削減への意欲が感じられない内容です。

## Q35 家に持ち込むプラスチックごみをなくしたいです。どうしたらよいですか?

トレイなどのプラごみを家に持ち帰らないで済む何かよい方法はありますか? 近所に容器を持参して買える店がなく、量り売りを利用したくてもできません。

プラごみを減らすため、包装の少ないものを選ぼうと思っても、日本では至難の業です。新型コロナウイルス禍の影響もあり、プラスチック包装はますます増えています。かさばるトレイをスーパーから持ち帰りたくないと思う人は多いと思いますが、野菜までトレイ入りのものがまだあるほどです。小さいマイバッグでは、トレイを何個か入れただけですぐにパンパンです。トレイを持ち帰れば、たとえ自治体やスーパーでトレイを回収しているとしても、自宅で洗って乾かした後、回収日(あるいは次の買い物時)まで家で保管しなければなりません。

そのため、スーパーでトレイ入りの食材を買った際、中身を取り出して袋などに移し、トレイを店内のごみ箱にポイと捨てる「くるりポイ」をする人が増えています。テレビなどではこのくるりポイ行為を「不衛生だ」「汚れたままではリサイクルできない」などと批判しますが、ノートレイ商品を置かないスーパー側の責任は棚上げにしています。

発泡スチロール製食品容器については、既に多くの国や都市で使用規制が始まっています。理由は、リサイクルしにくいことや散乱ごみに発泡スチロールが多いことなどです。そのため、世界二一カ国の三四地区・二六七地点のすべての海岸の砂から発泡スチロールから溶け出したと思われる化学物質（スチレンオリゴマー）が見つかっています（『朝日新聞』二〇一三年九月七日）。健康への影響を懸念する声もあります。発泡スチロールの原料であるスチレンの有害性については、動物実験などにより数多く指摘され、アメリカの国家毒性プログラムでも発がん性が疑われています。

発泡スチロール製トレイ以外にも、日本ではまだ多くのものがプラスチックに包まれ、売られています。何とかバラ売りの野菜などを選んでも、レジで薄いプラ袋に入れられてしまいそうになります。

これらをなくすには、利用している店のサービスカウンターなどに直接要請するのが一番です。必要なのは中身だけなのだから、「容器を持参

海へ溶け出す化学物質

発泡スチロール由来か

世界34地区 全てで検出

日韓グループ

調べたすべての地点の砂浜から化学物質が見つかった（『朝日新聞』二〇一三年九月七日）

## リサイクルしにくく、散乱ごみになりやすい発泡スチロール

スイスの環境NGO naturschutz.ch（自然保護・スイス）のホームページに「発泡スチロールを止める10の理由」が書かれている。（以下、一部要約）

| |
|---|
| ①生分解性ではない<br>1個の発泡スチロール製カップは時間の経過とともに劣化し、数年で数千個の小さな粒子になり、周囲の有害物質などを吸着する。 |
| ②一部しかリサイクルされない<br>きれいなものしかリサイクルできない。 |
| ③健康上の懸念<br>スチレンは発がん性が疑われ、神経毒性も証明されている。スチレンは熱や油、アルコール、酸に接すると放出されるので、容器の中のコーヒーやスープなどに溶け出す。その結果、体に吸収される可能性がある。 |
| ④食物連鎖で有害物質が濃縮<br>発泡スチロールの負の影響は海で特に顕著に現れる。発泡スチロールを食べた海洋生物は飢餓（きが）や窒息死する可能性がある。一方、海洋生物は体内に発泡スチロールに添加されていた有害物質を蓄積する。スチレンは大気、水、土壌からも検出されている。これら潜在的に危険な物質は、食物連鎖で高濃度になり、最終的に人が食べる。 |
| ⑤危険な生産現場<br>発泡スチロールを扱う工場では、労働者がアセトン、トルエン、キシレン等危険な物質と接触する。その結果、聴覚障害や集中力の低下、精子の数や質の低下など、望ましくない副作用の報告が増えている。 |
| ⑥想像以上に高くつく<br>製造コストの点では優れているが、廃棄された発泡スチロールは、海と住民に影響を与え、私たちが海から得られる生態系サービスにも影響を与える。とりわけ、気候や食料への影響はお金には替えられない。 |
| ⑦石油から製造<br>発泡スチロールは、石油由来のポリスチレンビーズ2％と98％の空気から作られているが、3リットルの石油から1kgしか作られないため、環境バランスが悪い。 |
| ⑧蚊の繁殖地になる<br>発泡スチロールは大半が空気のため、環境中に出るとスポンジのように短時間で水分を吸収し、蚊の理想的な繁殖地になる。 |
| ⑨代替品がある<br>発泡スチロールに匹敵する断熱効果のある堆肥化可能なバイオプラスチックや、でんぷんやセルロース繊維で作られた食器がすでにある。 |
| ⑩禁止効果が高い<br>サンフランシスコで2007年に発泡スチロール食器を禁止したところ、発泡スチロールのごみは3分の1以上削減された。 |

以上の10の理由により、発泡スチロールには価格や機能の面で大きな利点はあるものの、環境に対しては壊滅的な影響がある、とのことだ。(最終閲覧日2021年1月5日)

https://naturschutz.ch/hintergrund/wissen/10-gruende-auf-styropor-zu-verzichten/115574

するから量り売りをしてほしい」、「ごみを増やしたくないからバラ売りして」などの要望を店に伝えるのが良いと思います。

黙って「くるりポイ」しても店側に気持ちは伝わりませんが、伝えることで店も販売方法を見直すきっかけができます。大きな小売店ならば、要望などを受け付けるメールアドレスや電話番号を公開しています。紙に意見を書いて入れる投書箱を設置しているスーパーもあります。それらを活用しない手はありません。自分一人では難しければ、同じ思いを持つ数人の仲間と一緒に伝えるのもよいでしょう。

過剰包装に関しては、メーカーに直接声を届けるのもよいですが、その場合でも販売店に一言伝える方が有効です。以前、メーカーの人にいわれましたが、メーカーは一消費者からの声よりも販売店からの声の方に対処しようと思うそうです。もし機会があれば、自治体や議員などにも伝え、一緒に考えてもらうのもよい方法です。

## Q36 「プラスチック・スープ」をなくすため、他にできることは何でしょうか？

マイバッグやマイボトルはもちろん、マイハシも持参して使い捨てのフォークなどはもらわないようにしています。他にもっとできることはないですか？

まずは身の回りで、ラクに脱プラできそうなところからお試しください。たとえば、台所や洗面所、浴室を見回すと、プラスチック製品で溢れていませんか。それらのうち、すぐにマイクロプラスチックになりそうなものを選び、代わりになるものを探してみてください。

①台所編

たとえば、台所を見回すと、食器洗い用ウレタンスポンジやアクリルたわし、掃除に使うメラミン樹脂のスポンジ、ボトル洗い用ブラシ、タッパウェア。そして棚の中には、食品用ラップやジッパー付き食品袋、紅茶やお茶のティーバッグ、不織布製のだしパック……などが眼に入ります。こ

天然繊維のタワシ

食器洗いや鍋洗いに使われている昔ながらの「亀の子束子」は棕櫚《しゅろ》などの繊維を針金で束ねたタワシ。最近はパーム（ヤシ）繊維で作ったタワシも多い。メーカーに確認したところ、タワシに使うパームはインドネシアやマレーシアで問題になっているパーム油を絞るアブラヤシではなく、現地で昔から栽培しているココヤシの繊維を使っているそうだ。

れらに代わるものは、探せば必ず見つかるはず。

メラミン樹脂製スポンジは使っているとだんだん小さくなるので、マイクロプラスチックの流出は一目瞭然です。同様に、ウレタンスポンジやアクリルタワシなども使えばすり切れ、繊維クズが流れ出すのでだんだん痩せてきます。その点、綿やセルロースなどの天然繊維製ならば、クズが水に流れ出しても自然に還るので安心です。木材や竹の繊維から作られたセルローススポンジや天然繊維のタワシが売られています。アクリルたわしの要領で、綿や麻のひも、あるいは細く切った着物の絹の裏地（絹によく似た化繊もあるので要注意）を、編み針や編み棒を使って手作りするのもよい方法です（写真下）。また、古い綿のTシャツを細く切り、編んで作ってもよいですし、使わなくなった薄地のタオルハンカチがあれば、そのまま食器洗い用タワシとして使うこともできます。こういう布状のものは、台ふきんとしても兼用できるので大変便利です。

ちなみに、私は今、友人が着物の裏地を使って編んでくれた「絹タワシ」で、家具や鏡などを磨くことにハマっています。絹は眼鏡のレンズ拭きにも使われるくらいなので、安心して使えます。

着物の裏地で作った絹たわし（左）と麻紐たわし（右）制作：倉本みゆきさん

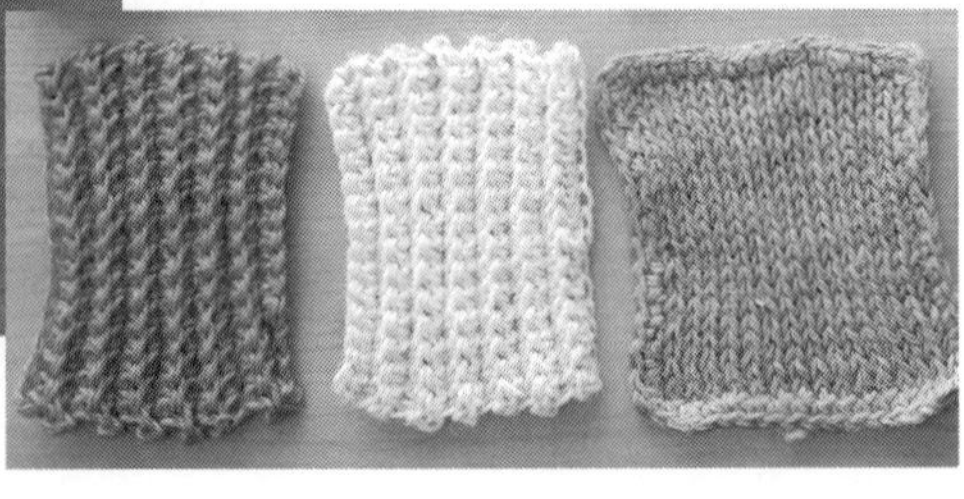

ボトル洗い用ブラシは、木製の柄に棕櫚（シュロ）タワシが付いたものや、好きなスポンジを挟んでボトルなどが洗えるステンレス製のトングなどが売られています。でも、木の手入れが面倒な方やステンレスの柄がボトルにあたる際に出るカチカチという金属音が嫌いな方は、もし現在柄もブラシもプラスチック製のボトルブラシをお使いであればブラシの取り付け部分を見てみてください。ブラシだけ取れるようになっていませんか。もしそうであればブラシを取りはずし、代わりにセルローススポンジなどを取りつけることができるものもあります。これならば、柄の部分はプラスチックのままでも、消耗する部分は脱プラできます。（写真下欄）

タッパウェアに代わる食品保存容器は、フタのみプラスチックで本体が耐熱ガラス製のものやステンレス製のものが各種売られていますので、少なくとも食品と接触する本体部分の脱プラは簡単です。フタも脱プラしたければ、陶磁器製のフタ付き容器も売られていますが、フタがはずれて割れやすいので注意が必要です。

食品ラップは積極的に廃止すべきプラスチックの一つです。家庭用ではポリ塩化ビニリデン（ＰＶＤＣ）やポリエチレン（ＰＥ）製のラップがおも

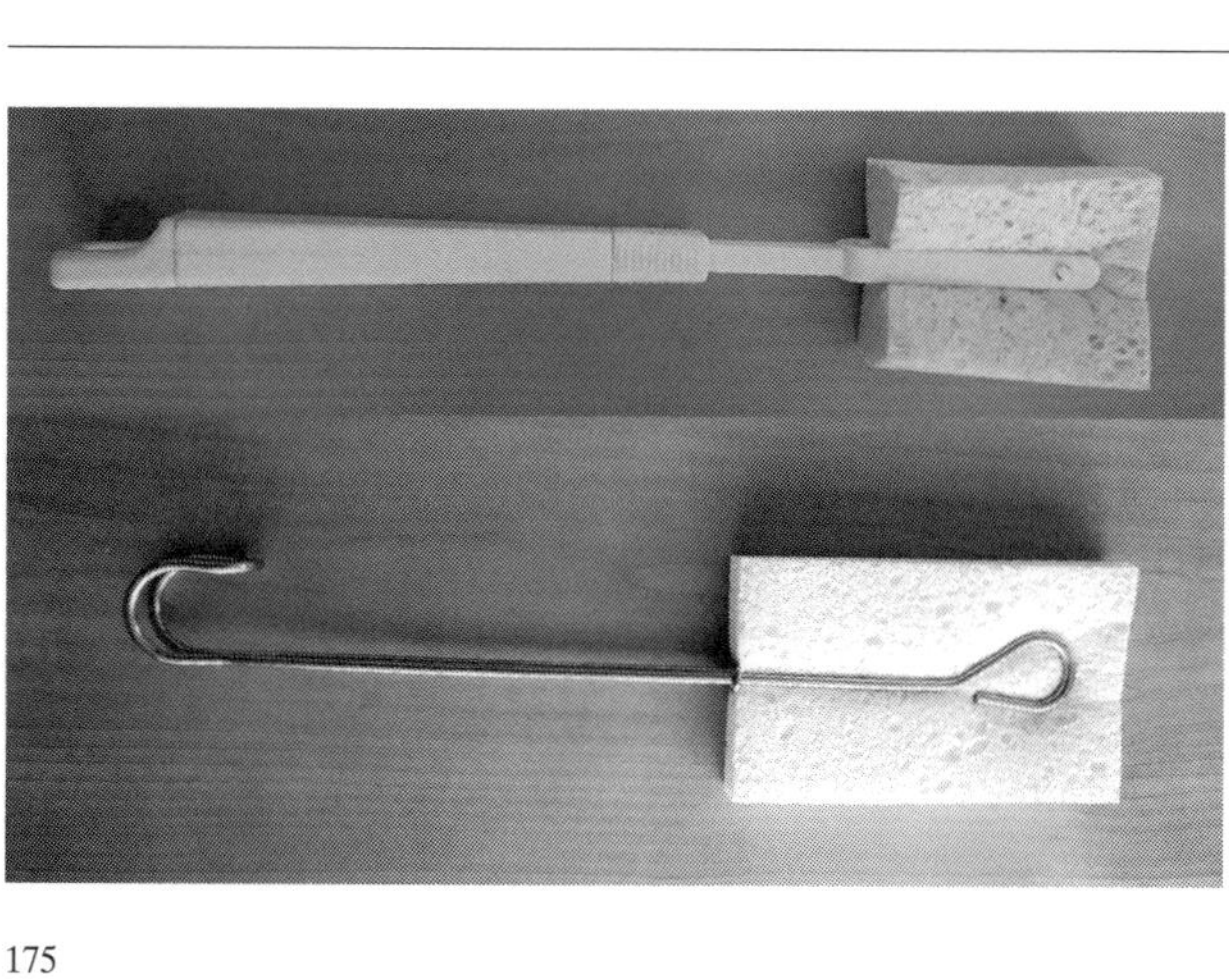

ブラシ部分をセルローススポンジに付け替えたボトルブラシ（上）とセルローススポンジを付けたステンレス製トング（下）

に使われ、業務用にはポリ塩化ビニル（塩ビ、ＰＶＣ）製ラップなどがよく使われています。食品安全委員会のファクトシート（二〇一四年三月三一日）によると、ＰＶＤＣやＰＶＣ製ラップには樹脂を柔らかくするために可塑剤という添加剤が多量（五〜一五％）に使われています。可塑剤が食品に溶出する可能性を考えるとＰＥ製のほうが安心でしょう。しかし、ＰＥ製ラップの耐熱温度は一一〇度と低いため、油分の多い食品をラップで包んで電子レンジで加熱するようなことは、避けるべきです。

しかも、ラップはリサイクルが難しく、循環しにくい使い捨てプラスチックの代表です。パンなどを包みたければ、布と蜜蝋で作った蜜蝋ラップがオススメです。蜜蝋ラップは販売もされていますが、オーガニックコットンなどを使って手作りできます。作り方はネットで検索すると多数出てきます。洗って繰り返し使用できますが、熱に弱いため、電子レンジはかけられません。また、念のため、まだハチミツを食べられない赤ちゃん用の食品には使用しない方が安心です。

もし、残りご飯を冷凍するならばラップではなく、濡らして絞った綿の布巾か手ぬぐいでご飯を包むと、そのまま冷凍庫に入れられます。布巾は

ボトル洗いや便器洗いに使える柄付き棕櫚《しゅろ》タワシ

タオル地のような毛羽だったものではなく、平織りのさらし木綿のような凹凸のないものが、ご飯粒がくっつきにくいのでオススメです。食べる際には冷凍庫から出して、そのまま布巾ごと電子レンジで温めれば、まるで炊きたてご飯です。

ティーバッグは便利ですが、なくても不便はありません。急須やティーポット、茶漉しを使えばお茶を美味しくいただけます。マイクロプラスチックの心配がない上（Q34参照）、価格もティーバッグよりリーフティー（ティーバッグでない茶）の方が安いケースが多いです。既にティーバッグが手許にあれば、捨ててしまうのはもったいないので、中身の茶葉だけをティーポットにあけて使いましょう。だしパックも同じです。中身のだしを鍋にあけ、だしを取った後、もし細かい固形物が気になれば茶漉しですくい取っても良いですが、気にならなければ栄養豊富なのでそのままお召し上がりを。

また、買い物に行くときは、マイバッグと一緒にプロデュースバッグを持参するとスーパーからもらう小袋を減らせます。「プロデュース」とは英語で農作物や生産物を意味する言葉で、それらを入れる袋はプロデュー

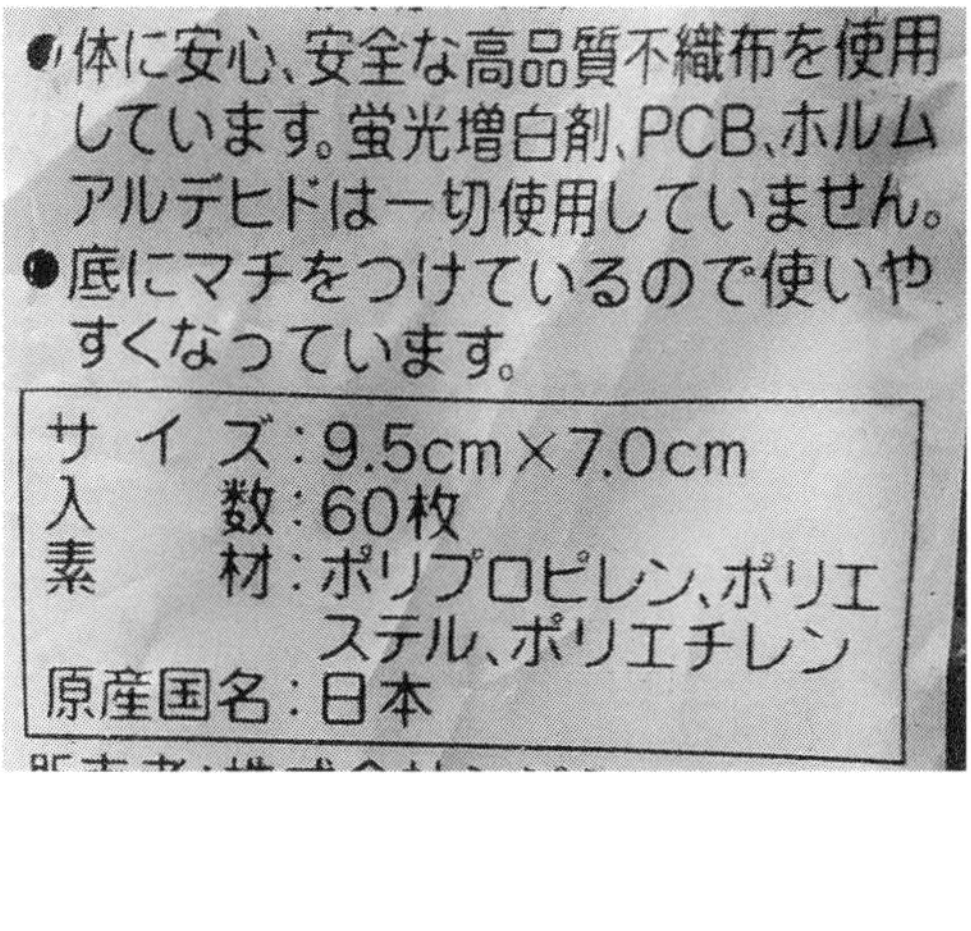
●体に安心、安全な高品質不織布を使用しています。蛍光増白剤、PCB、ホルムアルデヒドは一切使用していません。
●底にマチをつけているので使いやすくなっています。
サイズ：9.5cm×7.0cm
入　数：60枚
素　材：ポリプロピレン、ポリエステル、ポリエチレン
原産国名：日本

一見紙に見えるお茶パックも材質表示を見ると合成繊維（プラスチック）でできている

スバッグと呼ばれています。レジで清算後のピーマンやジャガイモ、キュウリなどを入れ、持ち帰ったらそのまま冷蔵庫へ入れます。汚れたら、洗濯機で洗ってくり返し使います。日本ではまだあまり売られていませんが、袋状に縫い、上部にひもを通すだけでいいので、サラシなど自然素材の布があれば、簡単に手作りできます。大小何枚か作っておくと便利です。編み物が得意な方は、麻糸や綿糸で袋状に編めば、メッシュ状のプロデュースバッグになります。

②洗面所・浴室・トイレ

洗面所や浴室も見回すと、プラ製コップや石けん置きなど、プラスチック製品が並んでいます。これらはもともと木や竹、金属などからできていたものがプラスチックに置き換わったものですから、代わりの品はいくらでもあります。しかし、水回りはカビが生えやすい上、ガラスや陶器は割れたら危険、金属だとさびやすく、洗面台にキズがつくかも……などと考えると、代わりのものをすぐに選ぶのが難しいことも事実です。長く使えて、マイクロプラスチックになりにくいものならば、プラスチック製であ

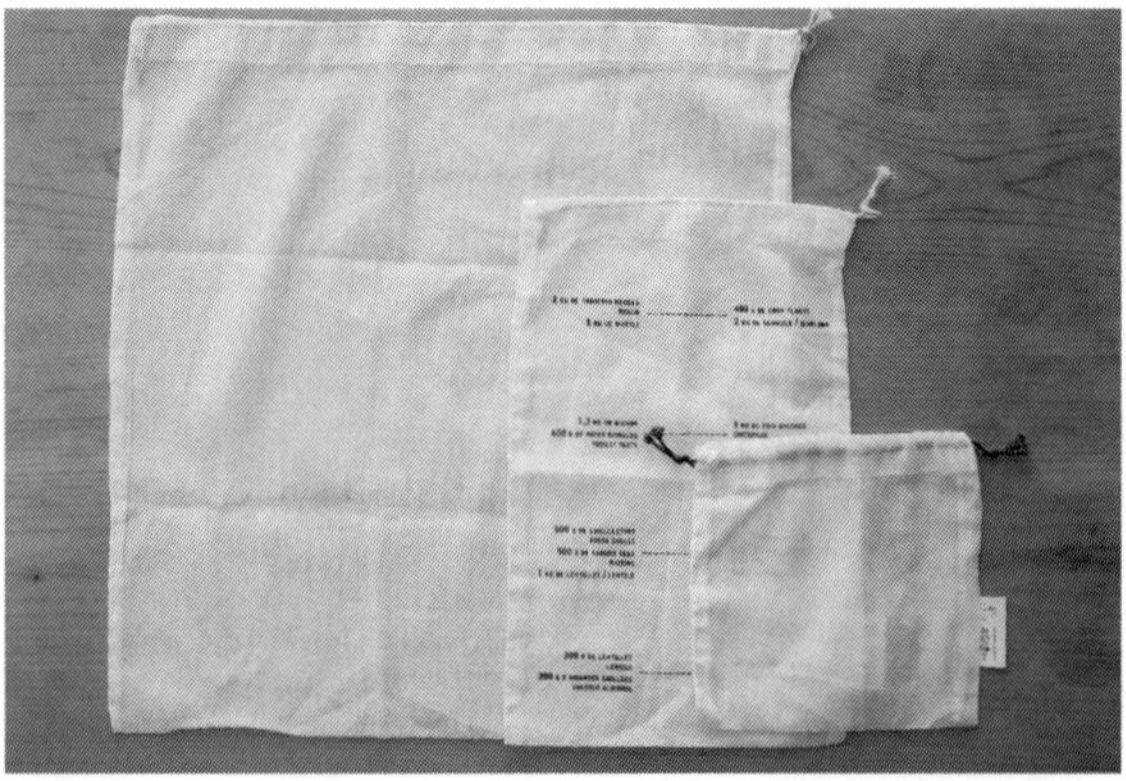

プロデュースバッグ（大、中、小）マイバッグと一緒に持参すると薄い小袋をもらわずにすむ

っても急いで替える必要はありません。まずは買わずに、家にあるものをゆっくりいろいろ試すのがよいと思います。

歯ブラシは、竹などの柄に豚毛や馬毛などを付けたものを手に入れることで脱プラできますが、ドラッグストアに並んでいるプラ製のものでも先端だけ取り替えられるタイプのものならば、ごみになる部分のプラスチックは半分に減らせます。もし、歯磨き粉のチューブが気になれば、粉末やタブレット状の歯磨き粉も売られていますが、自分で簡単に手作りすることもできます。作り方は、重曹やココナツオイルを使ったものなどがネットで容易に見つかります。

シャンプーやリンスのボトルが気になれば、たとえばシャンプーは固形や粉末状の石けんシャンプーが売られていますし、重曹でも代用できます。その場合、石けんや重曹はアルカリ性ですから中和するため、酸性の酢で（黒酢でもリンゴ酢でもお好みで）リンスしてください。酢でもすすげば匂いは残りませんが、気になる方は酢の代わりに少量のクエン酸をお湯で溶かして髪に馴染ませた後、お湯で洗い流します。重曹もクエン酸も粉末を直接髪に振りかけるのではなく、必ず少量をぬるま湯で溶かしてから使います。石けんも重曹もクエン酸も、プラ袋に入れられて販売されているものが多いですが、化学物質を減らしながら「減プラ」できます。

トイレの掃除用品には使い捨てのものが多くありますが、合成繊維でできたものも多いので、しっかり材質表示を確認してください。「流せる」ことを謳った掃除用品でも、完全に分解する材質かを確認する必要があります。アイルランド国立大学の研究者らによると、流せることを謳った生理用品やウェットティッシュの半分にプラスチックが含まれていたそうです。「水に流す」という言葉は「なかったことにする」という意味でも使われますが、プラスチックを水で流すとマイクロプラスチックになり、地球上のどこかにいつまでも残ります。水回りで使用するものは、特に気をつける必要があります。トイレブラシには、ボトル洗いと同様の柄付き棕櫚《しゅろ》タワシなどであれば、たとえタワシの繊維が抜け落ちても自然に還るので、安心して使用できます。

③洗濯編

洗濯バサミは昔ながらの木製や金属製が売られています。ピンチハン

---

流せることを謳った生理用品やウェットティッシュの半分にプラスチック

Briain et al. (2020) The role of wet wipes and sanitary towels as a source of white microplastic fibres in the marine environment
https://www.sciencedirect.com/science/article/pii/S0043135420305583

**金属製ピンチハンガー**

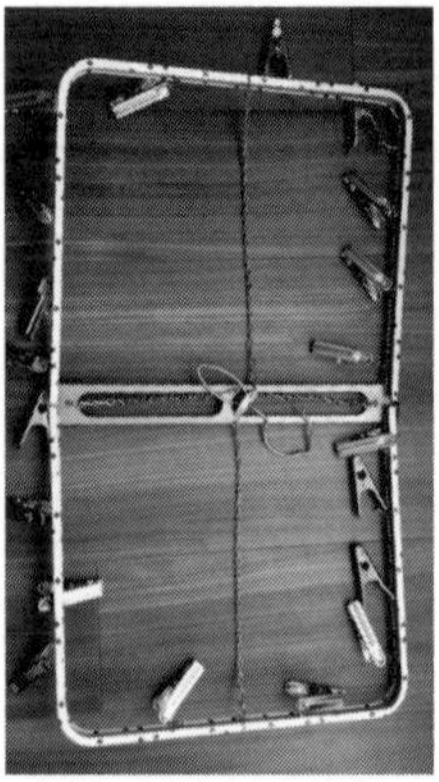

ガーや布団バサミもステンレス製などが売られています。若干重みがあり、値段もそれなりにしますが、壊れたら買い換える、という生活スタイルを見直すきっかけになります。写真のピンチハンガーは、筆者が一五年以上前に購入したものですが、ピンチが取れたら付け直す必要はあるものの、一生使えそうです。最近はもっとお洒落でピンチの数が多いものも売られています。

　衣類洗い用洗剤は、粉石けんであれば紙袋に入ったものがあります。石けん洗濯ならば柔軟剤は不要になるので、一石二鳥です。

　洗濯ネットの多くは、ポリエステルなどの合成繊維でできているため、それ自体がマイクロプラスチックの発生源になる可能性があります。アウトドア用品のパタゴニアの洗濯ネット（ナイロン製）のように目の詰んだしっかりしたものであれば、洗濯の度に繊維片がネットの隅にたまるので、衣類からのマイクロプラスチックの流出が多少くい止められているように感じます。しかし、一番安心できるのはやはり自然素材の衣類です。写真の洗濯ネットは、オーガニックコットン製です。メッシュの目合いが大きいため、衣類からのマイクロプラスチックファイバーの流出は防げません。

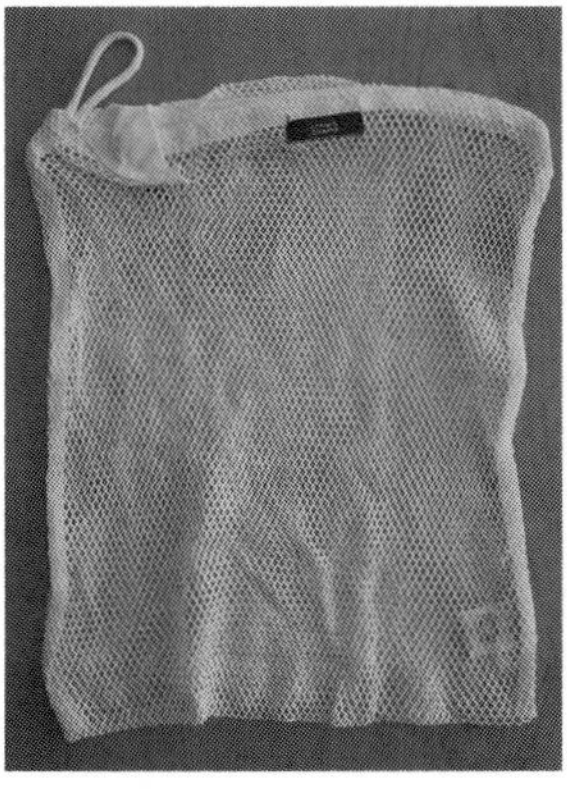

オーガニックコットン製の洗濯ネット

あくまでも、合成繊維ではなく自然素材の衣類の絡まりを防ぐなどの目的で使うものです。

二〇二〇年二月にイタリアの研究者が発表した論文によると、一回の洗濯で出るマイクロファイバー量と三時間二〇分日常的な動作をして出るそれは同じ量だということです。ポリエステル製の服を着て、日常的な動きをするだけで一グラムあたり最大四〇〇個ものマイクロファイバーが空気中に放出されるのだそうです。着ているだけで、それほど多くのファイバーが浮遊するならば、吸い込む量も多いはず。特に室内着は、自然素材の服を着るに越したことはありません。

### ④その他

マイクロカプセル入りの柔軟剤（Q11参照）や消臭剤、芳香剤は論外ですが、マイクロカプセルの入っていないものでも多くの場合、使う必要はありません。使用者が消したいと思う匂いよりも、柔軟剤や芳香剤の匂いに周囲の人は悩んでいるケースが多いものです。

赤ちゃんのお尻ふきも、ウェットティッシュ同様、合成繊維の不織布の

古紙を束ねる紙ひも

可能性がありますので、注意してください。ベビーパウダーでさえもマイクロビーズ入り商品が現在でも大手メーカーから売られています。これらはプラスチックであるかどうか以前に、本当に必要か、使われている薬剤は安全なものなのか、などを今一度見直す必要があるのではないでしょうか。

衣類や寝具、カーテン、カーペットなどにも合成繊維が多く使われています。次に買い替える時は、可能な限り綿やウールなど自然素材に変えれば、マイクロプラスチックファイバーを吸い込むリスクを格段に減らせます。家の中のホコリの三割以上はマイクロプラスチックなのです。

また、古紙を束ねる際には紙ひもが、園芸などには麻ひもが便利です。玉ねぎなどの保存に使うメッシュ袋は綿製も売られていますが、もちろん麻ひもなどで自分で編んでもＯＫ。メッシュ袋は買い物に持参しても便利ですし、洗って何度も使うことができます。庭やベランダは特にプラスチックがボロボロになりやすい場所です。人工芝のマットやプラスチック製の植木鉢、肥料袋などが置いてあれば、劣化していないか調べてみてください。

野菜保存用の麻袋

すべてを一気に変えるのは経済的にも精神的にも大変です。また、自然素材のものでも大量に消費すれば地球環境に負荷をかけてしまいます。綿の栽培にも多くの農薬が使われます。買い換えが必要になったものから少しずつ自然素材に切り替え、それをできるだけ長く大事に使いたいものです。

これらすべてをもうやってるよ！　というあなたは、もし生ごみを可燃ごみとして自治体回収に出しているならば、家で生ごみ処理をしてみてください。生ごみとプラごみ、この二つは全然関係ないように見えますが、案外関係あるのです。

生ごみを回収に出さずに済むようになれば、まず生ごみを入れるプラ袋が要らなくなります。おそらくスーパーでもらう野菜や肉などを入れる薄い小袋（ロール袋）を利用している人が多いと思いますが、利用しなくなれば小袋などあっても邪魔にしかなりません。積極的に断るようになるのでは？　また、ごみ袋の中から生ごみがなくなれば、自治体のごみ回収の度にごみを出す必要がなくなります。月に一回も出せば十分。ごみ袋もあまり使わなくて済みます。

さらに良いことは、生ごみがなくなると、もっとごみを減らしたくなります。古紙の分別にも力が入るでしょうし、プラごみもどんどん減らしたくなります。自宅での生ごみ処理方法はたくさんあります。ネットで検索して、一番自分に合って楽しくできそうなものを選び、お試しを！　自治体によっては生ごみ処理容器に助成金を出していますので、調べてみてください。

脱プラのために、私たちが暮らしの中でできることは、たくさんあります。

## おわりに

プラスチックについて議論すると、「海にごみを流すのは日本より新興国の方が多い」「悪いのはプラスチックではなく、ポイ捨てする人だ」「技術は日々進歩しているからいずれ解決できる」などという話になりがちです。確かにそういう面もあるかもしれません。しかしその結果、「気にしなくて大丈夫。専門家にまかせよう」などという結論になるようでは、事態はいつまでたっても解決しません。

かつて、「空き缶公害」(Q22参照）と呼ばれた飲料缶の散乱に対し、国がどのような対策を講じたかについて、一九八四年版環境白書の「その他の公害の現況と対策」の欄に以下のように記載されています。

「国においても、空き缶散乱に対処するため、昭和五六年一月関係一一省庁からなる『空き缶問題連絡協議会』を設置し、同協議会における申し合せに基づき、昨年度に引き続き空き缶散乱防止のための普及啓発活動の充実を図っているほか、環境庁及び厚生省は新たに環境美化運動の一環として環境週間を中心とした『環境美化行動の日』の設定を都道府県及び市町村に呼びかけ、空き缶散乱防止の推進を図った」。

これを読むと、国は飲料容器の散乱問題を「公害」として認め、関係一一省庁の「専門家」からなる協議会を設置し検討しながらも、啓発活動程度の対策しか行わなかったことがわかります。やがて「リサイクル法」はできたものの、抜本的に解決されないまま現在に至りました。違いといえば、目につくごみが金属缶からプラスチック（ペットボトルや菓子袋、使い捨てカップなど）に代わり、問題がより深刻になったにも関わらず、すっかり散乱ごみを見慣れた私たちはもうあまり気にしなくなったことでしょうか。

プラスチックは確かに私たちの暮らしを便利で快適にしてくれました。便利過ぎてつい使いすぎた結果、地球は海も陸地も空気さえも、目に見えないほど細かいプラスチックで汚れてしまいました。そのため、何を食べても何を飲んでも、息を吸うだけでもプラスチックが体内へ侵入する事態を招いてしまったのです。

私たちは明らかに限度を超えてプラスチックを使い過ぎました。難しいことは後回しにして、まずは取り組みやすいところから。たとえば、マイバッグやマイボトル、マイハシを持ち歩くことで、レジ袋やペットボトル、カップ・フォーク・マドラーなど使い捨てプラは使わない、日用品や衣類を新調するときは極力プラスチックを避ける、店ではできるだけトレイに入っていない商品を選ぶ、などから始めませんか。

科学者は、地球には過去五回の大量絶滅時代があり、今六回目の絶滅時代が迫っていると警告しています。現在、種が滅んでいくペースは過去の大量絶滅の時代に匹敵する速さで進み、その要因は人間活動による影響だそうです。プラスチック汚染もまた、生物多様性の減少に拍車をかけていることは間違いありません。海も陸地もプラスチックで汚染された結果、野生生物もプラスチックありきの生活を強いられています。

影響がもっと顕在化した時には、既に手遅れになっていることでしょう。手遅れになる前に、政治家と行政には、誰もが持続可能な暮らしができるような社会の仕組み作りを望みます。科学者と企業には、根本的な解決策となる技術の開発を望みます。目標は、再生可能で、生分解性で、公正で、倫理的な方法で生産された素材を、持続可能な量だけ使う社会でしょう。

しかし、それがまだできないうちは、私たち消費者はプラスチックをできるだけ避け、化学物質にも気をつけて暮らす必要があります。私がこれを書いているときに「調乳の際に乳児用哺乳瓶から放出されるマイクロプラスチックの評価」という論文が、英科学誌『ネイチャー・フード（Nature Food）』に掲載されました。アイルランドのダブリン大学の研究チームが、ポリプロピレン製哺乳瓶などを使って実験した結果です。このようなプラスチックの哺乳瓶で授乳される平均的な赤ちゃんは、生後一年間で毎日一六〇万個のマイクロプラスチック粒子を摂取している可能性があるというのです。ガラス製の哺乳瓶が売られているにも関わらず、人生を始めたばかりの赤ちゃんに大量のマイクロプラスチックを飲ませる必要は一体どこにあるでしょうか。

アメリカの非営利団体「ピュー慈善信託」とイギリスの環境シンクタンク「システミック」がまとめた報告書によると、このまま何もしなければ、二〇四〇年には海へのプラごみ流出量は二〇一六年の三倍になるそうです。一方、現在の政府と産業界の公約が二〇四〇年までに達成できたとしても、海洋へのプラごみ流出量はわずか七％しか減りません。つまり、期待して待っているだけでは七％しか変わらないのです。それでは地球はプラスチックで覆われてしまい、子どもたちの未来は守れません。

私たちには、個人で世界を変える力はありません。でも多くの人々が行動すれば、世の中を少しでも良い方向に進めることができます。私たち一人ひとりが、自らの暮らし方を変えるとともに、脱プラをめざす声を政治家や行政、産業界に届けましょう。

今ならまだ引き返せるはずです。日本も早急に使い捨てのプラスチックを大幅に減らすための法律を整え、使った資源をきちんと循環させる仕組みを作る必要があります。そして、そういった仕組みを作ってくれる政治家を選び、市民の力で支えましょう。

[著者略歴]

栗岡理子（くりおか　りこ）

　新潟県生まれ。貿易会社勤務を経て、1980年代半ば頃からごみ問題を扱う市民団体等で活動。子育て一段落後、持続可能な暮らしを研究するため大学院に進学。2018年3月、博士課程修了（専門は環境経済学）。

　現在、環境ジャーナリスト、日本消費者連盟編集委員、環境・ＣＳＲマガジン「オルタナ」編集委員など。

　著書：『散乱ペットボトルのツケは誰が払うのか』2012年（合同出版）、ほか。

プロブレムQ & A
プラスチックごみ問題入門《もんだいにゅうもん》
——安心して暮らせる未来のために

2021 年 3 月 31 日　初版第 1 刷発行　　定価 1800 円 + 税
2022 年 7 月 20 日　初版第 2 刷発行

著　者　栗岡理子 ©
発行者　高須次郎
発行所　緑風出版
〒 113-0033　東京都文京区本郷 2-17-5　ツイン壱岐坂
［電話］03-3812-9420　［FAX］03-3812-7262［郵便振替］00100-9-30776
［E-mail］info@ryokufu.com［URL］http://www.ryokufu.com/

装　幀　斎藤あかね　　カバーイラスト　Nozu
制　作　R 企 画　　印　刷　中央精版印刷・巣鴨美術印刷
製　本　中央精版印刷　　用　紙　中央精版印刷・巣鴨美術印刷　　E1200


ISBN978-4-8461-2106-8　C0336

## ◎緑風出版の本

■全国どの書店でもご購入いただけます。
■店頭にない場合は、なるべく書店を通じてご注文ください。
■表示価格には消費税が加算されます。

プロブレムQ&A
**ゲノム操作・遺伝子組み換え食品入門**
[食卓の安全は守られるのか?]
天笠啓祐著
A5変並製
二八〇頁
1900円

遺伝子を切断し、品種改良するゲノム操作が進んでいる。日本政府は、安全審査も、表示もしない方針。本書は、遺伝子組み換え、ゲノム操作とはどのようなもので、どんな危険があるのか、現状況、対応策などを丁寧に解説。

プロブレムQ&A
**どうする？ 放射能ごみ [増補改定新版]**
[実は暮らしに直結する恐怖]
西尾　漠著
A5変並製
二〇八頁
1700円

原発から排出される放射能ごみ＝放射性廃棄物の処理は大変だ。再処理をするにしろ、直接埋設するにしろ、あまりに危険で管理は半永久的だからだ。トイレのないマンションといわれた原発のツケを子孫に残さないためにはどうする?

プロブレムQ&A
**遺伝子組み換え食品入門 [増補改訂版]**
[必要か 不要か？　安全か 危険か?]
天笠啓祐著
A5変並製
一九二頁
1800円

バイオテクノロジーの応用が進み、自然界になかったものが作られ生態系への影響や食の安全が脅かされている。遺伝子組み換え食品は、免疫機能の低下、次世代への悪影響が指摘され、危険性が世界的な批判を浴びている。

プロブレムQ&A
**新 電磁波・化学物質過敏症対策**
[克服するためのアドバイス]
加藤やすこ著／出村　守監修
A5変並製
二七〇頁
1800円

近年、携帯電話や家電製品からの電磁波や、防虫剤・建材などからの化学物質の汚染によって電磁波過敏症や化学物質過敏症などの新しい病が急増している。本書は、そのメカニズムと対処法を、医者の監修のもと分かり易く解説。

プロブレムQ&A
**新・なぜ脱原発なのか?**
[放射能のごみから非浪費型社会まで]
西尾漠著
A5変並製
一八八頁
1800円

『なぜ脱原発なのか?』(二〇〇三年)を、福島原発事故を踏まえて、全面増補改訂したもの。原発に賛成の人も反対の人も改めて、この問題を共に考えましょう。私たちにできることは、皆が安心して暮らせる社会の実現です。